AF357276

CLASSIFICATION

DES

VINS DE BORDEAUX.

PARIS. — IMPRIMERIE DE FAIN,

RUE RACINE, N°. 4, PLACE DE L'ODÉON.

CLASSIFICATION

ET DESCRIPTION

DES VINS DE BORDEAUX,

ET DES CÉPAGES PARTICULIERS

AU DÉPARTEMENT DE LA GIRONDE;

MODE DE CULTURE;

PRÉPARATION POUR LES VINS, SELON LES MARCHÉS
AUXQUELS ILS SONT DESTINÉS.

PAR M. PAGUIERRE,
Courtier de vins.

BORDEAUX,
CHEZ LES PRINCIPAUX LIBRAIRES.

A PARIS,
CHEZ AUDOT, LIBRAIRE-ÉDITEUR,
RUE DES MAÇONS-SORBONNE, N°. 11.

1829.

AVERTISSEMENT.

Un ami de l'éditeur, se trouvant à
Bordeaux pendant une partie des années 1825 et 1826, vit par hasard
dans les mains de M. Paguierre, courtier en vins retiré, une suite de notes
bien rédigées relatives au commerce
des vins. Il lui sembla que ce genre de
connaissance serait fort utile dans ce
pays, et en conséquence il suggéra à
M. Paguierre d'ajouter, aux notes cou-
chées dans son carnet, un chapitre

préliminaire sur la culture de la vigne, la préparation et le gouvernement des vins de Bordeaux, et d'envoyer le tout dans ce pays pour être publié. Nous offrons le résultat de ce travail au public, presque dans les propres mots de M. Paguierre, qui a surveillé la traduction à Bordeaux.

On a ajouté un Appendice qui renferme des renseignemens obtenus par d'autres voies.

Édimbourg, 15 novembre 1828.

On a traduit cet ouvrage, dans la confiance qu'il ne serait pas moins bien accueilli en France qu'il l'a été en Angleterre.

Paris, 15 novembre 1828.

SOMMAIRE

DES MATIÈRES.

1

VINS BLANCS.

FIN DU SOMMAIRE DES MATIÈRES.

CLASSIFICATION

ET

DESCRIPTION

DES

VINS DE BORDEAUX.

INTRODUCTION GÉNÉRALE.

Les renseignemens contenus dans cet ouvrage sont le résultat des recherches et de l'expérience de l'auteur, comme courtier en vins. — Principes d'après lesquels les vins sont classés selon les crus. — Cause de la différence de qualité et de valeur.

L'OBJET que j'ai eu en vue en écrivant ce traité sur les vins du département de la Gironde, en France, et qui est relatif à leur classification, à la différence de leurs qualités, etc., n'a jamais été d'en faire un livre qui dût être livré au public; il n'a été fait que pour mon propre usage, pendant la période dans laquelle j'ai été dans le commerce des vins. L'expérience que j'avais acquise dans cette branche de commerce, a été le fruit de nombreuses observations, que je consignais sur le papier selon qu'elles paraissaient devoir m'être utiles.

Ces notes, prises sur la culture de la vigne, ainsi que sur la manipulation de la vendange, grossirent tant mon agenda, qu'il me vint à l'idée de les mettre en ordre, de manière à en former un manuscrit que je pusse consulter à chaque heure du jour, sans être continuellement obligé de faire des recherches fatigantes. Dans ce petit ouvrage, j'ai tâché de rendre compte de toutes les sortes de vins qu'on récolte dans tous les vignobles à quarante lieues à la ronde de Bordeaux, et d'établir une comparaison entre eux, avec des remarques sur les signes distinctifs de chaque sorte, quand ils sont parvenus à l'âge où ils ne peuvent plus rien gagner en qualité, et où ils conviennent le mieux pour la consommation.

Quelques amis, de vieux propriétaires et plusieurs courtiers, m'ont communiqué leurs observations, et m'ont aidé de leurs connaissances et de leurs conseils, dont j'ai souvent eu occasion de reconnaître la valeur et la justesse par ma propre expérience. La dégustation de nos vins et le jugement de leurs qualités sont aussi attiré d'une manière spéciale mon attention; car c'est un art de la plus grande conséquence pour celui qui fait le commerce des vins, afin de n'en acheter que de naturels, et de pouvoir éviter de se charger de ceux qui ont été mélangés, soit pour en augmenter ou en diminuer les prix. Toutes les espèce de vins mélangés contractent très-généralement un goût particulier, qu'un vrai connaisseur reconnaît facilement ; au lieu que les vins naturels, et qui n'ont éprouvé aucune sophistication, même gardés jusques à un âge avancé, conservent la fraîcheur et le bouquet qui sont particuliers à chaque cru, et qui distinguent si parfaitement les vins de choix, tels que les Médoc et autres de haute séve.

Il est à observer que la classification des vins en général ne peut, à beaucoup d'égards, être fondée que sur l'opinion ; car cette opinion varie à des époques indéterminées, et semble suivre une révolution qui a lieu dans le goût, tout comme le changement continuel de modes : en sorte que la base de cette classification est susceptible de variation, souvent d'année en année, ou à des époques plus éloignées. C'est dans le laps des siècles que ce changement est plus frappant. Par exemple, on peut encore bien se ressouvenir que les vignobles du Bourgeais produisaient des vins renommés pour leur qualité; à tel point qu'il y a cent cinquante ans, celui qui était propriétaire à la fois dans le Bourgeais et dans le Médoc, quand il vendait du cru de Bourg, imposait à l'acheteur la condition expresse de le débarrasser d'une portion de ces vins de Médoc, qui sont aujourd'hui si universellement estimés.

Il est vrai aussi que certains crus ont perdu beaucoup de leur première qualité, ce qui provient d'un défaut dans la culture, et de ce qu'on a arraché les bonnes vignes, qui ne produisaient que peu, pour les remplacer (comme c'est la coutume dans certaines provinces) par d'autres cépages plus productifs, mais qui donnent un vin d'une sorte plus commune;cela est encore dû à ce que certaines personnes fument trop leurs vignes pour leur faire produire plus abondamment , et nuisent ainsi à la qualité des vins, qui en sont moins délicats. Ces vignes périclitent ensuite, ayant été forcées pour leur faire produire de plus grandes quantités; et la qualité du sol change aussi par trop d'engrais. On prétend que cela est arrivé dans les environs de Paris, sur la côte de Surène, dont les vins étaient anciennement d'assez bonne qualité, à ce que dit l'histoire, pour mériter l'honneur d'être servis à la table de Henri IV, roi de France, qui en était particulièrement amateur; c'est, dit-on, à cause de cela que ces vignes ont été fumées et tellement stimulées, qu'elles ont perdu leur qualité par le changement qui a eu lieu dans la nature du sol.

Il y a encore beaucoup d'autres causes qui concourent puissamment à la production d'une bonne ou d'une mauvaise qualité des vins. Les unes sont naturelles ; telles que le sol, l'exposition, l'espèce du cépage et l'âge de la vigne. D'autres sont accidentelles ; telles que l'influence de l'atmosphère, qui souvent détruit nos plus belles espérances au moment même de la vendange, la culture plus ou moins négligée, les différens procédés mis en pratique dans l'acte de la fermentation, le soin plus ou moins scrupuleux qu'on a pris de loger le vin, qui est si susceptible de contracter un goût étranger ou désagréable. Il est évident que toutes ces causes, et beaucoup d'autres encore, peuvent nuire à la qualité du vin, le détériorer, et enlever à ce breuvage délicieux cette saveur, dont le principe est sujet par tant de causes à des changemens si divers. Écoutons sur ce sujet le comte Chaptal, un des plus grands chimistes du siècle.

« Ceux qui étudient la marche de la
» nature dans l'œuvre sublime de la vé-
» gétation, ont sûrement observé com-
» bien est grande l'influence qu'exercent
» sur elle les causes les moins appa-
» rentes. La différence qui existe souvent
» entre les parties constituantes de deux
» terrains très-rapprochés ; celle qu'é-
» tablit l'atmosphère d'un coteau, sa
» pente plus ou moins rapide, son in-
» clinaison plus ou moins sensible vers
» l'un ou l'autre des points cardinaux ;
» la forme et la nature des abris, sont
» autant de moyens qui agissent diver-
» sement sur les espèces ou variétés dont
» se compose la même famille de végé-
» taux ; et il n'en est point de plus sus-
» ceptible de toutes ces impressions que

» celles qui appartiennent à la vigne. »
Le même auteur ajoute plus loin, avec
beaucoup de justesse : « Que la surface
» plus ou moins inclinée du sol d'une
» vigne, quoique dans la même exposi-
» tion, présente des modifications infi-
» nies. Le sommet, le milieu, le pied
» d'une colline, donnent des produits
» très-différens : le sommet découvert
» reçoit à chaque instant l'impression de
» tous les changemens, de tous les mou-
» vemens qui surviennent dans l'atmo-
» sphère; les vents fatiguent la vigne dans
» tous les sens; les brouillards y portent
» une impression plus constante et plus
» directe; la température y est plus va-
» riable et plus froide; toutes ces causes
» réunies font que le raisin y est en gé-
» néral moins abondant, qu'il parvient
» plus péniblement et incomplètement
» à maturité, et que le vin qui en pro-

» vient a des qualités inférieures à celui
» que fournit le flanc de la colline, dont
» la position écarte l'effet funeste de la
» plupart de ces causes. La base de la
» colline offre à son tour de très-graves in-
» convéniens : sans doute la fraîcheur
» constante y nourrit une vigne vigou-
» reuse, mais le raisin n'est jamais ni
» aussi sucré, ni aussi agréablement par-
» fumé que vers la région moyenne ; le
» sol qui y est constamment chargé d'hu-
» midité, la terre sans cesse imbibée
» d'eau, grossissent le raisin et forcent la
» végétation au détriment de la qualité.
» — L'exposition la plus favorable à la
» vigne est entre le levant et le midi.

» *Opportunus ager tepidos qui vergit ad œstus.*»

Il faut aussi avoir en France la précaution de ne pas planter la vigne dans

une situation exposée tout-à-fait au cou-
chant. Jamais le raisin n'y parvient à
autant de perfection, et n'y est aussi sucré
que lorsqu'elle est exposée à l'est et au sud.

Neve tibi ad solem vergant vineta cadentem.
(Virg.)

« La manière de tailler la vigne, » dit
aussi M. Chaptal, « influe encore essen-
» tiellement sur la nature du vin. Plus
» on laisse de tiges à un cep, plus les
» raisins sont abondans, mais aussi moin-
» dre en est la qualité du vin. L'art de
» travailler la vigne, la manière de la
» planter, tout cela influe puissamment
» sur la qualité et la quantité du vin. »
Dans la classification que j'ai essayé
de faire des vins de Bordeaux, j'ai indiqué quelle qualité de vin chaque cru
serait susceptible de produire, s'il était

favorisé par les circonstances les plus heureuses. J'ai supposé que cette qualité était le résultat de tous les soins et de toutes les précautions que les propriétaires doivent prendre dans leur propre intérêt, afin de ne pas nuire à la réputation de leurs vins ; c'est ainsi que jugent un grand nombre de nos courtiers ; leurs opinions sont fondées sur l'étude qu'ils ont faite de la situation, de l'espèce du cépage et des précautions qu'on a prises pour la façon des vins après la cueillette des raisins. C'est en partie d'après ces données, et d'après l'impression que les vins font à la première dégustation, qu'ils jugent assez correctement quelles seront les qualités prédominantes du vin à l'époque où il sera bon à boire, c'est-à-dire après cinq ou six soutirages. Cette étude est d'une telle importance pour leurs opérations, que ceux qui s'occupent habituellement d'aller *marquer* les premiers crus, ne prennent que bien rarement sur eux d'aller visiter les celliers des seconds crus. Chez eux, les organes du goût sont tellement accoutumés à la saveur des vins fins, qu'ils deviennent impropres à juger de ceux dont les principes actifs sont différens. C'est ainsi que les courtiers, qui habituellement achètent les petits vins, sont en général considérés comme n'étant pas juges compétens des vins de premier cru. Je suis porté à croire que c'est la raison pour laquelle la législature a limité le cercle dans lequel il est permis à chaque classe de courtiers de faire ses achats ; et c'est aussi par l'effet d'une prévoyance éclairée qu'elle leur a permis de léguer ou de transmettre leur *brevet* à leurs fils, afin que les connaissances acquises par leur expérience ne soient pas perdues pour le commerce.

Il nous reste à avertir ceux qui s'occupent du commerce des vins de Bordeaux, que leur principale attention doit
être dirigée vers ces connaissances, que
l'expérience peut seule faire acquérir ; et
cette étude est d'autant plus de conséquence, qu'elle doit avoir pour objet tout
ce qui a rapport aux causes qui influent
sur la qualité de nos vins, et sur leur
abondance plus ou moins grande : ce
n'est que lorsqu'ils seront riches de ces
connaissances, qu'ils seront à même de
juger de l'effet que doivent produire
les causes variées et les circonstances qui
peuvent survenir, dans les marchés où
nous exportons nos vins.

Ces connaissances auront d'ailleurs un
autre avantage, qui est peut-être le plus
important sous le point de vue du commerce ; c'est qu'elles auront assez formé
leur jugement, pour les mettre à même

de faire un choix convenable des courtiers qui doivent être employés à leurs affaires, dont le résultat heureux dépend toujours de l'attention qu'on apporte aux achats. Chacun sait que ce sont les courtiers qui en général nous guident dans ces opérations ; il est donc indispensable de ne placer que convenablement notre confiance sous le double rapport de la probité et de l'habileté.

J'ai inséré dans ce petit ouvrage la classification des vins de France (principalement les rouges), d'après un extrait que j'ai fait de l'intéressant ouvrage de M. A. Jullien, « *Topographie de tous* » *les vignobles connus,* » qui s'accorde bien avec cet ouvrage, et peut conduire à une comparaison avantageuse, en ce qu'elle sera utile pour la connaissance que nous désirons acquérir sur la nature et la qualité de nos vins. Les personnes qui se destinent au commerce des vins feront bien de lire cet excellent ouvrage de M. A. Jullien ; elles y trouveront des recherches curieuses et des faits concernant les nombreuses espèces de vignes qui couvrent notre globe, partout où le climat en permet la culture ; elles seront satisfaites de la manière dont l'auteur a traité la partie de son ouvrage qui a rapport à la France ; et je suis fondé à croire que la lecture de ce livre, jointe à la connaissance pratique qu'on peut acquérir sur les lieux, aura un bon effet, et procurera un fond précieux d'idées propres à conduire par degrés au vrai secret de la science.

On trouvera dans ce Traité un tableau des prix de nos vins rouges, depuis 1822 jusqu'en 1826. Il offre vraiment une comparaison frappante à faire de nos marchés à différentes époques ; et je ne crois pas qu'il soit sans intérêt pour celui qui désire s'instruire des variations auxquelles les affaires ont été sujettes dans cette branche de commerce. J'ai pensé qu'il convenait de me borner simplement à faire connaître les prix tels qu'ils ont été établis immédiatement après la vendange, parce que c'est à cette époque que les principaux contrats se font pour nos vins nouveaux.

DE LA VIGNE.

Propagation, gouvernement et culture de la vigne
dans le département de la Gironde. — Espèces
cultivées. — Leurs qualités respectives.

La vigne croît bien en général dans
les terrains montueux, pierreux, et spécialement dans les sols caillouteux, aux
expositions chaudes du levant et du midi;
ses racines pénètrent dans les fissures
des rochers. A l'état sauvage ou de non
culture, elle ne porte que peu de fruit;
mais elle vit long-temps (pendant des

siècles), et son tronc devient d'une grosseur considérable. La culture la rend plus fertile, mais abrège sa vie; en telle sorte que, dans les localités où cette culture est trop souvent forcée, les vignerons (mécontens du peu de produit des vieilles vignes), sont obligés de les renouveler tous les vingt-cinq ou trente ans; mais on n'attend de produit des jeunes ceps que lorsqu'ils ont atteint quatre ou cinq ans. Le vin qu'ils donnent avant cet âge est d'une qualité inférieure, et les raisins deviennent d'autant meilleurs que la vigne vieillit. Voilà pourquoi les propriétaires, pour conserver la qualité et la réputation de leurs crus, s'assujettissent à ne renouveler leurs vignes que *graduellement*, à des intervalles de vingt à trente années, selon la nature de leurs vignes. On prend la même précaution pour le fumage, que l'on n'effectue

qu'une fois tous les quatre ou cinq ans,
sans quoi les vins perdraient en qualité
et en valeur ; parce que, ainsi que je l'ai
dit plus haut, le cep ne produit de vin
délicat que quand ses racines ont péné-
tré profondément dans la terre ou dans
les crevasses des rochers, et quand il est
assez âgé pour contracter la saveur particulière à sa localité.

PROPAGATION DE LA VIGNE.

La vigne se propage de plusieurs manières. Premièrement, par des branches
coupées sur la vigne, ayant soin de conserver un peu du vieux bois qu'on enfonce
dans la terre, et d'où il part de nouvelles
racines ; deuxièmement, par des rejetons
au printemps et à l'automne, et par des

provins, que l'on couche sans les séparer de la tige principale, jusqu'à ce qu'ils aient suffisamment pris racine pour former une vigne distincte.

Si l'on veut faire une pépinière, il faut choisir les plants parmi les espèces que l'on désire avoir, les dégager de toutes les vieilles vrilles, et ne prendre que les jets dont le bois est mûr et parvenu à sa perfection; on les coupe à quinze ou vingt pouces de longueur. Quand le temps est sec, il est bon de les plonger dans l'eau pendant quelques heures; cela leur donne de la flexibilité. Pour les planter, vous ouvrez une tranchée ou rigole d'environ un pied de large, et de toute la longueur du terrain que vous voulez employer, ayant attention que la profondeur soit en rapport avec la nature du sol. Si le sol est très-sec, il faut que la tranchée ait un pied de profondeur; et si le terrain est bon, six ou huit pouces suffisent ; si le sol est trop humide, la profondeur pourra être moindre encore. Les plants sont placés dans cette tranchée à la distance de cinq à six pouces entre eux ; l'extrémité doit être courbée en terre, afin de faciliter la reprise. Après avoir planté la première tranchée, vous en faites une autre à un pied de distance, et ainsi de suite jusqu'à la fin. Ensuite, il faut revenir sur tous les plants, pour n'y laisser au-dessus du sol que deux yeux ou bourgeons, afin que les autres puissent prendre plus de force ; et il ne faut pas attendre, pour cette opération, que la séve soit montée, ce qui retarde les premières pousses inférieures , qui sont toujours les meilleures. Si vous voulez planter la vigne en place, ce que dans les environs de Bordeaux on appelle *planter en plants*, après avoir bien préparé le terrain, c'est-à-dire l'avoir bien remué, pour le rendre plus léger et pour détruire les herbes, il vous faudra tracer les rangs sur toute la longueur de la pièce, tâchant, autant que la situation le permettra, qu'ils soient dirigés du nord au sud ou de l'est à l'ouest. Je dis s'il est possible, parce qu'il y a une raison qui l'emporte et qui peut quelquefois en empêcher ; c'est qu'il est essentiel de suivre la déclivité, afin de permettre de s'écouler aux eaux qui nuiraient aux racines de la vigne et même à la qualité du vin. Il y a au contraire des situations dans lesquelles il est convenable de planter en travers de la pente. Sur les coteaux, il n'y a pas à craindre la stagnation des eaux, mais au contraire les ravages qu'elles pourraient occasioner en s'écoulant rapidement le long des rangs qui se trouveraient dans le sens de la pente.

Les rangées doivent être à différentes

distances, selon la qualité du sol. Si le terrain est pauvre et graveleux, on les éloigne ordinairement trois pieds; on donne la même distance à toutes les vignes cultivées à la charrue, comme cela se pratique dans le Médoc, excepté dans les fonds les plus riches où l'on travaille à la houe. Là, la distance varie, selon les différentes qualités du sol, depuis quatre jusqu'à six pieds.

Le temps le plus convenable, et celui qu'on choisit généralement pour planter la vigne, est l'automne, vers le commencement de novembre; mais beaucoup de propriétaires préfèrent cependant le commencement du printemps pour la plantation, vers les premiers jours de mars, alors que la sève n'est pas encore en mouvement.

Quoique le fumage trop considérable de la vigne soit nuisible aux souches, il est cependant nécessaire d'en donner un léger tous les quatre ou cinq ans, et quelquefois plus souvent, spécialement pour les jeunes vignes ; il est même utile, lors des nouvelles plantations, de mettre un peu de fumier avec la terre dont on recouvre les plants, afin de les garantir du froid et de donner de la légèreté à la terre.

Il est encore nécessaire de fouiller tout autour de la vigne trois ou quatre fois par an, pour se débarrasser de toutes les herbes qui nuiraient à sa végétation, et qui, si on les laissait croître, absorberaient tous les sucs de la terre, tandis qu'en les détruisant en temps convenable, c'est-à-dire avant que les graines par lesquelles elle se reproduiraient soient mûres, elles fument la terre et la rendent plus légère.

La taille de la vigne a aussi la saison

qui lui est propre. Nous avons des propriétaires qui s'en occupent en automne,
parce que, prétendent-ils, la vigne étant
taillée de bonne heure, sa végétation au
printemps est plus vigoureuse, sa flo-
raison plus active, et les raisins se forment et mûrissent plus vite, ce qui
avance la vendange ; en sorte qu'on
n'est pas obligé de couper le raisin
dans le temps humide qu'il fait ordinairement vers le milieu de l'automne.

Il y en a d'autres (mais en petit nombre, et ceux-ci sont principalement dans
le bas pays) qui taillent leurs vignes à la
mi-février, parce que, disent-ils, cela
retarde la pousse, et fait échapper la vigne aux petites gelées qui ont lieu
quelquefois en avril ou au commencement de mai, au moyen de quoi il n'y
a d'affecté que le premier bourgeon, et la

seconde pousse, qui n'est pas encore développée, n'en souffre pas. Cette dernière pousse produit souvent plus de raisin que la première, spécialement sur les vignes qui croissent au pied des coteaux, ou dans les sols riches.

———

SORTES DE VIGNES CULTIVÉES.

Les principales espèces de vignes cultivées dans le département de la Gironde, sont :

Pour les vins rouges de la première classe,

Le *Carmenet*, la *Carmenère*, le *Malbeck*, le *Petit Verdot*, le *Gros Verdot*, le *Merlot* et le *Massoutet*.

Pour les vins rouges de la seconde classe et les vins communs,

Le *Mancin*, le *Teinturier*, le *Balou-zat*, la *Pelouille*, le *Cioutat*, la *Petite Chalosse noire*, le *Cruchinet rouge* et le *Pied de Perdrix*.

Les espèces pour les vins blancs de choix, sont appelées :

Le *Sauvignon*, la *Malvoisie*, la *Prunilla*, le *Semillon*, le *Blanc Verdot*, le *Muscadet doux* ou *Resinotte*, la *Chalosse dorée*, le *Cruchinet blanc* et le *Blanc Muscat*.

Les sortes communes pour blanc sont :
La *Blanquette*, l'*Enrageat* ou *Pique-Poux*, le *Blaguais*, et la *Grosse Chalosse blanche*, avec le *Verdot gris*.

Le *Carmenet*, ou la *petite Vidure* a la feuille un peu dentelée, le grain presque rond, pendant d'une manière lâche; la couleur est un noir assez foncé, le goût agréable. Le Carmenet donne un vin léger, agréable, riche en séve et en bouquet, mais d'une couleur légère.

La *Carmenère*, ou la *grosse Vidure*. Les grappes de cette espèce sont grandes, longues; les grains pendent d'une manière encore plus lâche et à plus grande distance entre eux que dans l'espèce précédente; la couleur est vive et la saveur supérieure; le vin qu'on en fait a la même qualité que celui du Carmenet, seulement la couleur est plus foncée, ce qui ne l'empêche pas d'être également délicat.

Le *Malbeck*, ou *noir de Pressac*, vient en longues grappes; le raisin est ovale et épars, très-noir, la tige rougeâtre, la feuille veinée, et le bois de couleur cendrée. Cette espèce, aussi-bien que la dernière, est sujette à la coulure. Le Malbeck produit un vin foncé en couleur, de peu de force, délicat, et qui vieillit promptement, passant facilement à l'aigre, à moins qu'on n'en prenne beaucoup de soins et qu'on ne le tienne dans un cellier frais.

Le *petit Verdot* est une vigne qui produit des grappes courtes, avec de petits grains d'une couleur vermeille, d'une saveur délicate; ses feuilles sont émoussées, et les branches sont garnies d'une grande quantité de vrilles.

Le *gros Verdot* a les mêmes qualités que le petit Verdot, excepté que son fruit est plus gros. Il est rare qu'il parvienne à la maturité dans le département de la Gironde; mais quand il mûrit parfaitement, ce qui n'a lieu que dans les années les plus favorables (telles que celles de 1815, 1819, 1822 et 1825), il donne des vins du premier choix. Alors le vin est ferme, d'une belle couleur, très-délicat, plein de bouquet, et il est de longue garde.

Le *Merlot*. Ce cépage, d'après la grosseur de son bois, annonce une grande vigueur. Ses grappes sont ailées, d'un noir velouté, et composées de raisins qui se tiennent assez serrés. Le nom de Merlot a été donné à cette vigne, parce que les merles s'attaquent de préférence à ses fruits qui mûrissent d'assez bonne heure. Le vin qu'on en fait, quand ce raisin est seul employé, est de couleur foncée et a une légère saveur d'amande. Il est moins délicat que le Malbeck, mais exige autant de soins pour sa conservation. Mêlé avec le Carmenet ou le Verdot, ce raisin donne un excellent vin.

Le *Mancin*, ou, en patois, le *Souman-singue*. Cette vigne a la feuille ronde et très-grande, passant au rouge dans l'automne ; son bois est brun, les grappes sont assez grosses et le raisin rond. Il donne beaucoup de vin, mais d'une qualité inférieure.

Le *Teinturier*, ou l'*Alicante*. Cette vigne est caractérisée par de nombreux signes, et non-seulement par la couleur rougeâtre que ses feuilles contractent longtemps avant que le fruit soit arrivé à sa maturité, mais encore par leur couleur marbrée, et leur revers blanc et cotonneux. Ses branches sont courtes ; les fruits ronds, serrés ; les grappes sont courtes, extrêmement foncées, et le raisin d'une saveur très-douce. Ce raisin donne un vin faible, foncé en couleur et âpre, avec un goût de terroir plus ou moins sensible, selon la nature du sol. Ce vin ne convient que pour en colorer d'autres de basse qualité ; et même dans ce cas on ne doit en faire usage qu'avec modération, car il communique sa saveur âpre et sa tendance à l'acidité ou à la décomposition aux vins avec lesquels on le mêle. Ce vin convient pour la fabrication de l'eau-de-vie.

La *Pelouille* est une vigne qui porte de grosses grappes d'un raisin de couleur pâle et d'une saveur inférieure ; sa feuille est blanchâtre, et elle porte beaucoup de bois et de vrilles avec lesquelles elle s'attache. Son fruit donne un vin commun sans couleur.

La *petite Chalosse noire*. Cette vigne prospère on ne peut mieux dans le département de la Gironde. Ses fruits sont oblongs et gros; ils viennent en petits grapillons, dont l'ensemble forme de très-grosses grappes. C'est l'espèce qui est le plus de garde pour l'hiver et qu'on sert au dessert; on conserve ce raisin en suspendant les grappes à des cordes, le pied en haut. Il n'est pas rare d'avoir de ces raisins en très-bon état jusqu'après Pâques; ils donnent un vin commun, un peu mou, mais qui est durable et a beaucoup de couleur et de maturité.

Le Cruchinet rouge. C'est une espèce de vigne qui porte des grappes assez grosses; les raisins sont d'une bonne grosseur, pulpeux, ronds, et renferment un suc agréable au goût. Ils se gardent bien; et, comme la Chalosse noire, on les sert au dessert dans l'hiver; le vin qu'ils produisent est commun, mais spiritueux, et il se garde bien.

Le *Cioutat*. Ce cépage est remarquable à cause de ses feuilles, qui sont divisées en cinq parties, comme celles du persil ; elles ont aussi de la ressemblance avec celle de l'Ache (*Apium palustre*).

Le *Balouzat*. C'est une espèce dont le bois est rougeâtre, comme celui du Malbeck ; les grappes sont rouges aussi, ainsi que les feuilles, quand le raisin mûrit ; ce raisin est gros et rond, mûrissant promptement, et d'un bon goût. Le vin qu'il donne est d'une qualité moyenne, mais de couleur foncée et ayant quelque corps. Cette vigne produit beaucoup, mais elle donne aux vins un goût de terroir qui lui est particulier, sans cependant être désagréable.

Le *Pied de Perdrix*. Le bois de cette vigne est brun ; les feuilles rougissent, ainsi que le raisin, avant sa maturité. Les grappes sont longues, les raisins d'une grosseur modérée, et attachés d'une manière très-lâche en forme de petites cloches ; ils ont une saveur excellente et se gardent bien ; mais le vin qu'ils donnent est de la sorte commune.

VINS BLANCS.

Le *Sauvignon*. Les grappes de cette espèce, qui est des premiers crus en fait de blanc, sont de moyenne grosseur ; les raisins y sont attachés serrés, et tirent sur le jaune doré, un peu veinés quand ils sont mûrs ; les branches sont très-grêles ; les feuilles sont de grandeur ordinaire et régulièrement découpées. Le vin que cette vigne produit est jaunâtre, d'un bou-

quet excellent, spiritueux et plein de force.
Les raisins sont sucrés et se gardent bien;
en hiver on les offre au dessert.

Le *Malvoisie*. C'est une vigne blanche
d'une excellente qualité; le bois est un
peu plus fort que celui du Sauvignon,
mais de la même espèce. Les grappes
sont plus longues et plus détachées ; les
raisins y pendent à une plus grande distance les uns des autres, et sont un peu
oblongs ; dans leur maturité ils sont d'un
jaune doré. Ils se gardent long-temps
étant suspendus à des ficelles ou étendus
sur des claies. Le vin que ce raisin produit est du premier choix ; mais sa couleur est d'un jaune un peu foncé, vive ,
en prenant beaucoup de maturité, ce qui
lui donne le goût le plus exquis.

Le *Verdot blanc*. Cette sorte porte un

raisin plus lent à mûrir, et qui s'appelle ainsi à cause de la couleur verte qu'il conserve étant mûr. La feuille est un peu émoussée et blanchâtre en dessous ; les branches sont garnies de vrilles, les grappes sont d'une grosseur moyenne, et les raisins petits, serrés. Quand ils sont très-mûrs, la saveur en est délicate. Le vin qu'ils produisent est spiritueux, de couleur de feuille de laurier pâle. Quand ils sont mêlés avec le Malvoisie ou le Sauvignon, ils font un vin de premier choix, qui est parfait quand l'année a été favorable.

Le *Cruchinet blanc*. Ses grappes sont très-grandes et bien couvertes de fruits un peu entassés. Le raisin est gros et arrondi, d'une bonne saveur. Le vin qu'il donne a moins de vivacité, et est d'une qualité moins estimée que celles des précédens; néanmoins, ce raisin est d'un bon mélange avec les autres. Son vin a un goût qui rappelle la pierre à fusil. En vieillissant il devient sec.

Le *Semillon*. Cette espèce est distinguée dans les communes de Barsac et Preignac, et on la mêle avec le Sauvignon et le Malvoisie. Ses grappes, ainsi que les raisins, qui sont un peu entassés, sont de grosseur moyenne; ils sont d'un beau vert et transparens. Le vin qui en provient est plein de feu et petillant, ayant étant vieux le goût de pierre à fusil.

Le *Prunilla*. Celui-ci tient également un rang distingué dans les Graves [1]. Les grappes sont longues et le raisin gros, un

----

[1] Les cantons graveleux ou sablonneux.

peu rougeâtre, serré, et d'une saveur agréable. Le vin, quand il est vieux, a le même goût que le précédent; et, comme les vins de Carbonnieux, quand une bouteille a été débouchée, et qu'elle est restée deux ou trois heures ouverte, le vin brunit et devient plat. On peut mélanger le Prunilla avec d'autres espèces, comme le Semillon, le Muscadet, etc., et ce mélange produit un vin agréable.

Le *Muscadet doux* ou *Resinotte*. Cette espèce est fort estimée dans les Graves. Elle porte de longues grappes et de petits grains qui ont une saveur aromatique et très-sucrée. Le vin que produit ce raisin est en général doux, et reste tel pendant quelque temps, mais à la longue il devient sec, et acquiert le même goût que le précédent.

La *Chalosse dorée* produit de grosses et fortes grappes de raisins rougeâtres et charnus, gros et ronds, pendant d'une manière lâche, et portant à l'extrémité de chaque grain, une petite filandre noire. Cette vigne est très-productive, et le vin qu'elle donne est moelleux et sucré; ce n'est cependant qu'une qualité secondaire.

La *Blanquette*. Ses grappes sont très-longues, composées de petits grains, lâches, d'une couleur vert d'eau pâle, et d'une saveur agréable de Chasselas. Ce cépage donne beaucoup de vin, qui est commun et mou. Le fruit a l'avantage d'être très-blanc et de se conserver ainsi. C'est la meilleure espèce pour la table.

Le *Pique-Poux*, ou *Enrageat*, est ainsi nommé, parce qu'il produit considérablement. Les grappes sont très-fortes et très-longues ; les raisins gros et serrés les uns contre les autres, d'un vert pâle clair, et d'une bonne saveur. Ils donnent un vin très-blanc et brillant, qui a un peu de corps, mais qui est commun, et qu'on emploie souvent pour la fabrication de l'eau-de-vie.

Le *Blayais* est à peu près de la même espèce que la Blanquette, mais il n'en provient qu'un vin mou sans aucun corps, et tout-à-fait commun, quoique très-blanc.

La *grosse Chalosse blanche* est une espèce qui produit de longues et grosses grappes de fruits un peu oblongs et détachés ; ils sont délicats et de bonne garde pour le service de la table, parce qu'ils sont charnus, et qu'ils n'ont presque pas de pepins ; néanmoins leur saveur est un peu fade. Le vin qui en provient est aussi un peu mou, n'ayant que peu de corps, mais il est d'une belle couleur.

Le *Muscat gris*. Le bois de cette vigne est gris, ses feuilles sont grandes et allongées, très-peu découpées ; elle porte de grosses grappes ; les raisins sont pressés, et ne sont pas de bonne garde. C'est plutôt un raisin de treille que d'échalas, qui mûrit de très-bonne heure ; le fruit a une saveur agréable et délicate.

Le *Muscat rouge* est de la même famille. Il porte des grappes épaisses, les grains sont serrés ; ils sont moins agréables et moins délicats au goût que le muscat gris, ayant une saveur un peu forte. Ce raisin mûrit mieux dans le Languedoc qu'à Bordeaux.

Le *Muscat blanc* mûrit encore plus imparfaitement dans le Bordelais, mais réussit parfaitement bien à Montpellier et à Perpignan. Il est vigoureux et produit considérablement; son bois est blanc, et ses feuilles sont très-grandes et piquetées de brun ; ses grappes sont fortes et ses raisins gros, d'une saveur aromatique douce très-forte. C'est principalement avec ce raisin que se font les bons vins doux de Frontignan , Lunel et autres du Midi.

MANIÈRE DE FAIRE LE VIN.

VIN ROUGE.

Avant de commencer la vendange, il faut s'assurer si le fruit a acquis la maturité nécessaire, car c'est presque toujours de cette condition que dépend en grande partie la qualité du vin.

Le vigneron ou cultivateur peut tomber dans l'une de deux erreurs, qui, encore bien que très-différentes et opposées entre elles, n'en sont pas moins toutes deux nuisibles au vin, spécialement au rouge, qui est plus délicat et plus susceptible d'accident que le blanc pendant la vinification.

Si le propriétaire vendange de trop bonne heure, et avant que le raisin ait atteint un degré convenable de maturité, il est probable qu'il ne fera que du vin vert; et c'est le plus grand défaut que le vin puisse avoir et le plus difficile à corriger : les vins qui l'ont devenant en général durs en vieillissant. Cela arrive souvent quand l'été a été froid et pluvieux, et que la pousse de la vigne a été retardée; cela peut provenir aussi de ce qu'à l'époque de la vendange, les pluies empêchent le raisin d'atteindre au degré convenable de maturité et de perfection nécessaire pour faire de bon vin.

L'autre erreur, qui est cependant d'une moins grande conséquence, c'est de laisser trop mûrir les raisins, qui sont alors sujets à pourir. Le vin fait avec de tels raisins acquiert une saveur douceâtre, qui le fait travailler long-temps dans les futailles, le dispose à aigrir, et le rend d'une garde difficile. Le vin affecté de ce vice exige plus de soin qu'aucun autre :

car, pour peu qu'on le néglige, soit po^r le soutirage ou le remplissage des pièce (*ouillage*), il passe facilement à l'aigre. Quoi qu'il en soit, il vaut mieux vendanger tard que trop bonne heure ; mais il vaut encore mieux que le vigneron saisisse le moment favorable, et quand le raisin a acquis une parfaite maturité, pour faire sa récolte et obtenir de bon vin.

Quand le vin a bien réussi, il est clair, transparent, d'une belle couleur, d'une odeur vive et d'une saveur balsamique, légèrement piquante, mais agréable, tirant sur celle de la framboise ou de la violette ; il remplit la bouche, et passe dans la gorge sans y occasioner d'irritation, donnant une douce chaleur à l'estomac, et ne portant pas trop vite à la tête.

Revenons à la vendange : les propriétaires de vignobles, et spécialement des premiers crus (car c'est de ceux-ci que nous nous occupons principalement), après avoir préparé leurs futailles, et les avoir nettoyées et rincées avec du trois-six [1] ou de l'eau-de-vie, réunissent tout le raisin et en font un choix; c'est-à-dire qu'ils mettent de côté toutes les grappes pouries, celles qui ne paraissent pas parfaitement mûres, ou qui sont flétries, enfin tout ce qui pourrait nuire à la qualité du vin. Cela se fait aussitôt que les raisins sont cueillis. Leur premier soin est de faire une cuve principale de la meilleure vendange; c'est ce qu'on appelle la *mère-cuve*, dans laquelle, après le triage, ils mettent les premiers et les meilleurs raisins qui leur arrivent, sans les *rafles*, et sans les fouler; ils remplissent

[1] *L'esprit de trois-six* est l'esprit-de-vin de la plus forte preuve.

cette cuve jusqu'à la hauteur de quinze ou vingt pouces ; après quoi ils jettent environ deux gallons d'eau-de-vie vieille de Cognac ou d'Armagnac sur le raisin, et font ensuite un autre lit de raisins choisis, et jettent dessus une nouvelle quantité de deux gallons d'eau-de-vie, et ainsi de suite, jusqu'à ce que la cuve soit pleine. Quand elle est remplie, ils jettent dessus deux ou quatre gallons d'esprit de trois-six, suivant la dimension de la cuve, prenant pour base environ quatre gallons de trois-six pour une cuve à vin de trente à trente-six tonneaux. Il faut observer que la quantité d'eau-de-vie ou de trois-six, dépend de la qualité de la vendange ; car, si elle est mauvaise, il faut davantage d'esprit, afin d'exciter la fermentation, et de suppléer à ce qui manque par défaut de maturité, comme je j'ai expliqué plus haut.

Dans les très-mauvaises années, telles que 1816, 1817 ou 1826, le raisin ne mûrissant pas, et le moût ne pouvant entrer en fermentation, il a été nécessaire de l'exciter par une chaleur artificielle, à l'aide de réchauds; mais il est rare que cela arrive.

Il faut que la *mère-cuve* soit proportionnée à la quantité de la récolte; c'est-à-dire qu'elle n'en doit pas excéder le quart, ou tout au plus le tiers : ainsi, pour une vendange de cent tonneaux, cette cuve doit-être de vingt-cinq à trente tonneaux, et ainsi à proportion.

La *mère-cuve* étant remplie, on la ferme hermétiquement, et on la couvre convenablement avec des couvertures de laine, pour empêcher l'air d'y pénétrer. On laisse cette cuve dans cet état pendant trois semaines ou un mois sans y toucher, ayant soin de la visiter de temps en temps pour prévenir les accidens. On place un petit robinet en cuivre sur le côté de la cuve, environ au tiers de sa hauteur à partir du fond, afin de pouvoir juger à volonté des progrès de la fermentation, et pour connaître le moment où, l'ébullition s'étant appaisée, on peut soutirer la liqueur et la mettre dans les pièces préparées à l'avance en les échaudant et les rinçant avec un peu d'esprit de trois-six.

On sait que la liqueur est bonne à soutirer quand elle est refroidie et qu'elle est suffisamment éclaircie.

Pendant que la *mère-cuve* travaille, la vendange se continue de la manière accoutumée, c'est-à-dire qu'à mesure que les raisins sont apportés et triés, on les écrase sous le pressoir, et qu'on les met avec les raffles dans les cuves, où la fermentation a lieu naturellement. Ces

vaisseaux ne sont pas remplis entièrement : on laisse un pied ou quinze pouces
de libres pour la fermentation, qui fait
quelquefois déborder la liqueur, spécialement quand la vendange a acquis une
parfaite maturité.

On appelle *chapeau*, la masse des rafles, des pepins, des peaux de raisins, etc., qui flottent à la superficie du
vin.

La vendange étant terminée, et les
cuves légèrement couvertes, on les aban-
donne à la fermentation, ayant soin de
les visiter deux fois par jour. Avant de
les soutirer, vous devez attendre qu'elles
soient entièrement refroidies, ce qui a
lieu en huit ou douze jours, suivant l'ac-
tivité plus ou moins grande de la fermentation, et suivant la qualité ou la bonté
de la vendange ; car meilleure est
la vendange, et plus active est la fer-

mentation. Du moment que la cuve est froide, il est nécessaire de la soutirer ; car si on laissait le vin sur les marcs ou sous son *chapeau*, il prendrait le goût des rafles, qui est très-désagréable, dont il est difficile de le défaire, et qui est un grand défaut. Mais si la cuve était soutirée trop vite, la fermentation ne serait pas complète, et le vin courrait risque de travailler trop dans les barriques, et de ne pas se conserver.

Le suc des raisins, extrait par pression, est appelé moût (du latin *mustum*) ; il forme une liqueur douce, agréable au goût, pas du tout spiritueuse ni capiteuse ; mais après la fermentation il devient vineux.

Quand on trouve les cuves dans un état convenable pour le soutirage, on tire le vin dans des barriques préparées à cet effet, que l'on remplit environ aux deux tiers ou aux trois quarts; après quoi on vide la *mère-cuve*, et le vin qu'elle contenait est versé par portions égales dans ces pièces, de manière à achever de les remplir; le restant est employé à remplir, tous les six ou huit jours, ce qui a été consumé par l'évaporation; c'est l'*ouillage* des pièces.

Tous les propriétaires n'ont pas les moyens ou les localités nécessaires pour faire une *mère-cuve*, en y employant de l'eau-de-vie vieille ou de l'esprit-de-vin, soit parce que leur vendange n'est pas assez considérable, ou parce qu'ils n'ont pas les choses nécessaires pour l'exécution; d'autres le négligent par paresse ou par ignorance, comme les paysans et certains petits propriétaires. Mais il est bien connu que la fermentation réussit beaucoup mieux dans les grands vaisseaux, spécialement quand ils ont été préparés comme il a été dit ci-dessus, que dans ceux plus petits en usage chez les petits propriétaires. Il y a quelques individus qui manquant absolument de vaisseaux à vin, à défaut de ceux-ci, font usage de leurs cuves à lessive; mais le vin fait de cette manière ne peut jamais tourner aussi bien que celui pour la confection duquel on a employé les moyens dits ci-dessus. Il n'y a donc rien d'étonnant dans la différence de qualité que nous trouvons dans les vins du même canton, de la même commune, et quelquefois du même cru, mais appartenant à des propriétaires différens, lesquels, par leur plus ou moins de soin, occasionent une diversité infinie de qualités dans ce qui, étant traité de la même manière, serait tout-à-fait semblable.

Une autre cause qui fait que les paysans

ou les pauvres propriétaires ne font pas d'aussi bon vin que les riches, c'est qu'ils ne prennent pas assez de soin dans le triage des raisins ; souvent, si ce n'est toujours, ils laissent ceux qui ne sont pas mûrs ou qui sont pouris, et négligent de séparer ceux qui sont desséchés, ce qui fait un tort essentiel au vin, en lui donnant un goût sec et acide.

Les barriques, étant pleines, sont laissées pendant environ huit jours sans être bondées ; on a soin cependant, pour le moment, de couvrir le trou du bondon avec une pierre, une brique ou un morceau de bois. Tous les deux jours on les remplit, et tous les huit jours au moins quand elles ont été bondées, jusqu'à ce que le vin soit dans un état qui permette de laisser la barrique avec la bonde sur le côté, ce qui n'a lieu qu'au bout de dix-huit mois.

MANIÈRE DE FAIRE LE VIN BLANC.

Pour faire le vin blanc, on ne le met pas comme le rouge à fermenter dans la cuve, mais les raisins sont écrasés, et, quand on les a ôtés du pressoir, le suc, les peaux et les pepins sont mis dans les barriques (les rafles en ayant été séparées); là il fermente et devient vin de lui-même. Quand la fermentation a entièrement cessé dans les barriques, on le soutire, et on a soin de remplacer ce qui a été consumé par l'évaporation, aussi souvent que possible ; cette opération doit avoir lieu au moins une fois ou deux par semaine.

Si l'on veut faire du vin *muscat*, les raisins (ainsi que pour les autres vins blancs) ne doivent être cueillis qu'à l'état de parfaite maturité, et les pédoncules des grappes sont ce qu’on appelle tournés sur ceps, de manière à ne plus tirer de nourriture de la racine, afin que les raisins se flétrissent et se dessèchent un peu au soleil; ces raisins se cueillent ensuite, sont soumis au pressoir, et on laisse fermenter le moût; mais comme il est glutineux et sirupeux, le soleil l’ayant privé d’une grande partie de sa partie aqueuse, la fermentation n’a lieu qu’imparfaitement.

Le vin *muscat* ne peut se faire que dans les contrées chaudes, telles que le Languedoc et la Provence, où le soleil a une grande force. Les meilleurs vins Muscats viennent de *Frontignan* et de *Lunel*. Pour être bons, il faut qu’ils soient d’un blanc un peu pâle, glutineux et d’une odeur musquée, avec une saveur forte et sucrée.

Les vins d’Espagne, ainsi que tous

ceux dont on fait usage comme vins de liqueur, se font d'une manière semblable au *Muscat*. Le suc des raisins blancs, aussitôt qu'il a coulé, est mis dans des vaisseaux placés sur un feu doux, pour en faire évaporer le phlegme ; ensuite le moût est coulé dans des barils où il fermente et devient vineux ; le résultat est le même que le Muscat décrit plus haut.

Cette évaporation d'une partie du phlegme du moût, pour la préparation des vins doux, rend glutineux les vins Muscats, le Xérès de Saint-Laurent, le Malvoisie de Madère, etc., et leur donne une saveur sucrée ; parce qu'une fermentation imparfaite ayant seule lieu, une grande quantité de la matière sucrée reste sans altération.

La même chose n'arrive pas à nos vins de France ordinaires, ainsi que je l'ai expliqué plus haut.

MANIÈRE DE GOUVERNER ET DE CONSERVER LES VINS.

La manière de soigner les vins et leur gouvernement contribuent beaucoup à leur faire gagner de la qualité en vieillissant ; et comme ils n'atteignent à leur perfection qu'à un certain âge, les uns à quatre ou cinq ans, d'autres à six ou sept, suivant leur nature, il est absolument nécessaire que, pendant ce temps, les vins soient soignés selon leurs espèces ; on doit avoir la plus grande attention à leur gouvernement, ceci est de la dernière importance.

Les vins qui ont bien tourné (spécialement ceux de grande valeur), doivent être tirés à clair trois fois pendant le cours de la première année ; savoir, au mois de mars, on les soutire de dessus

les premières lies ; c'est là le premier soutirage ; le second a pour objet d'empêcher le travail que les grandes chaleurs
de juillet et d'août pourraient occasioner ;
et le troisième se fait dans le mois d'octobre, avant que le froid ne vienne.
Pour le soutirage des vins, il faut choisir
un moment favorable, c'est-à-dire quand
le temps est beau et clair, et quand les
vents sont au nord, nord-est ou à l'est,
parce qu'alors le vin est plus net et plus
clair que dans un temps pluvieux [1].
Quand les vents sont violens et tempes-
tueux, les lies remontent et viennent à
flot, en sorte qu'alors il est impossible de
soutirer les vins sans qu'ils coulent trou-
bles, ce qui rend l'opération imparfaite,

[1] Ii est bien evident que ceci ne peut s'entendre que du climat de Bordeaux.

(L'éditeur anglais.)

et peut nuire au vin; ou, dans tous les cas, retarder sa perfection.

Chaque fois qu'on a soutiré une pièce, il est nécessaire de la rincer et d'y brûler une mèche de linge soufré, suspendue à un petit crochet pour l'introduire dans la pièce. Cette précaution de faire brûler une mèche est nécessaire pour garantir le vin de toute fermentation que les grandes chaleurs pourraient occasionner, tout comme les trop grands froids.

La grosseur de la mèche doit être proportionnée à la force du vin, à sa délicatesse ou à son âge; plus il est vieux, moins il faut de soufre.

Les vins blancs exigent plus de soufre, parce qu'ils sont plus disposés à la fermentation et à travailler; il y a cependant des cas où l'on ne doit en user qu'avec modération, suivant que le liquide est plus ou moins en mouvement ; car si on en met trop, le vin contractera le goût de soufre , qu'il conservera pendant quelque temps , et cela empêchera qu'on en puisse faire immédiatement usage ; on lui enlèverait ainsi pendant un certain temps sa saveur agréable, et l'odeur ou le bouquet particulier à son cru.

Nous passons maintenant au quatrième soutirage, qui doit avoir lieu dans les dix-huit mois après la vendange, c'est-à-dire en mars. C'est alors que les barriques peuvent être placées sur les chantiers des celliers avec la bonde de côté, après que le tonnelier aura fixé sur chacune au moins quatre cercles de fer, c'est-à-dire deux à chaque bout ; les cerceaux en bois doivent aussi être mis en bon état. Les barriques, ayant une fois la bonde sur le côté, n'exigent plus d'être remplies, et on n'a plus besoin que de les visiter une fois tous les six mois, en mars et octobre, pour les soutirer, comme on l'a dit plus haut.

Il est à observer que lorsque le vin a atteint l'âge de cinq ou six ans, il n'exige plus d'être soutiré qu'une seule fois par an, ce qui a lieu, dans ce cas, au mois de mars, car à ce moment les vins sont toujours plus clairs, plus nets que dans aucune autre saison de l'année.

Note sur la séve des vins en général.

Il faut observer que lorsque nous parlons de la séve ou du bouquet pour les vins rouges de Médoc et de Graves, nous entendons les vieux vins seulement. Dans les nouveaux vins, ces qualités ne peuvent se reconnaître, on ne peut que les conjecturer; et c'est l'expérience seule qui nous a appris que lorsque les vins des crus particuliers s'offrent exempts de verdeur, avec de la couleur, du corps et de la vinosité, on peut compter qu'ils acquerront en vieillissant une séve balsamique et du moelleux; indépendamment de la couleur et du corps, ils se conserveront bien aussi, ce qui constitue la perfection dans le vin.

DE LA MISE EN BOUTEILLES.

Cette opération doit se faire par un beau temps, et, s'il est possible, en mars ou en octobre, parce qu'à ces deux époques, le vin étant plus clair, nous sommes plus certains qu'il ne laissera aucun sédiment dans la bouteille; et cela spécialement pour les vins de choix qui doivent rester long-temps en bouteilles avant d'être bus.

Avant de tirer une pièce en bouteilles, on doit coller le vin avec sept ou huit blancs d'œufs très-frais, ou avec de la colle de poisson préparée à cet effet; après quoi il faudra le laisser en repos dix ou quinze jours, suivant l'état de l'atmosphère, ayant soin de tenir pendant ce temps la barrique toujours close et bien bondée; ou bien, pour éviter l'inconvénient d'avoir à la remplir, la bonde peut être mise sur le côté, immédiatement après l'opération. Le vin se clarifiera aussi bien, et dans cet état vous le mettrez en bouteilles.

N. B. Il faut avoir grand soin de tenir le trou de la bonde bien net pendant tout ce temps, crainte que l'œuf qui pourrait y rester attaché, venant à moisir, ne communique un mauvais goût au vin.

Pour coller convenablement, le nombre des œufs doit être proportionné à la quantité et à la qualité du vin, ainsi qu'à son âge. Les vins communs ou nouveaux exigent plus de colle que les vins fins ou vieux, parce que ces derniers sont plus exempts de tartre et de lie. En outre, si l'on mettait trop de blancs d'œufs dans les vieux vins, non-seulement on en déchargerait trop la couleur déjà affaiblie par l'âge, mais on les priverait d'une partie de leur saveur et de leur odeur. Il faut aussi observer que lorsque les vins viennent d'être soutirés, ou mis en bouteilles, ils perdent momentanément une grande partie de leur bouquet, qui s'évapore pendant l'opération. Ceci ne doit cependant pas donner d'inquiétude, car, le soutirage étant une fois fait, le vin regagne ce bouquet au bout d'environ un mois ou six semaines dans les pièces; et dans les bouteilles, où il est en plus petites quantités, ses qualités primitives lui sont rendues avec toute leur vivacité, après cinq ou six mois.

Chaque pays a sa coutume; en France, comme en Hollande, tout le monde demande des vins naturels; et voilà la raison pourquoi les Hollandais importent les vins de France sur lie pour les traiter et les soigner à leur manière.

Dans le Nord, spécialement en Russie et en Prusse, l'expérience a fait préférer l'importation des vins de France à l'âge de deux et trois ans, parce qu'alors ils se trouvent déjà débarrassés de la plus grande partie de leurs lies et du tartre.

En Angleterre, où l'on a été depuis long-temps accoutumé à boire des forts vins de Porto, de Madère, et les vins capiteux d'Espagne, les vins purs, tels que nous les récoltons, ne sont pas autant estimés, parce que, comparativement avec les autres, on ne leur trouve pas un goût assez fort, et qu'ils semblent trop froids. Nos vins *naturels* sont cependant infiniment préférables pour la santé aux vins spiritueux et capiteux d'Espagne; les vins de Bordeaux spécialement sont fortement recommandés par la faculté pour les malades et pour les personnes menacées de consomption, ou qui souffrent d'inflammation de la poitrine.

Mais pour donner aux vins de Bordeaux quelque ressemblance avec ces vins d'Espagne et de Portugal, dont on fait usage en Angleterre; pour les faire ressembler par le goût aux vins que l'effet d'une longue habitude leur fait préférer dans ce royaume, la plus grande partie de nos marchands de vins qui commercent avec l'Angleterre sont obligés de les *travailler*, c'est-à-dire de les mélanger avec d'autres vins par un procédé particulier. Voilà pourquoi, en général, les vins embarqués pour l'Angleterre ne sont point purs, et qu'on ne peut plus les reconnaître pour les mêmes en les comparant avec ceux qui restent à Bordeaux, tels que les produit le département de la Gironde. L'opération consiste à y mélanger une certaine quantité de vin de l'Hermitage, et d'autres vins fins et spiritueux du Midi, qui donnent du feu au Claret (vin de Bordeaux), mais qui le rendent sec quand il est vieux, le font passer au rouge briqueté, et y occasionent du dépôt, quand il a été quelque temps en bouteille.

Quand, par l'effet du mélange de plusieurs sortes de vins, il en résulte un *travail* ou un mouvement qui pourrait nuire à la qualité, on prend du *cristal minéral* en poudre, dont on met une once dans chaque barrique; on le bat avec une quantité convenable de colle de poisson, et on soutire le vin environ quinze jours après, quand il s'est éclairci et qu'il a entièrement cessé de travailler.

Pour donner du bouquet au vin, on prend deux gros de racine d'iris en poudre, que l'on enveloppe dans un linge fin, et qu'on suspend l'espace d'environ quinze jours dans la barrique; après quoi ce sachet est enlevé, car alors le vin a acquis suffisamment d'odeur. Vous pouvez aussi, si vous aimez mieux, mettre la poudre dans la barrique, la battre avec le collage, et quinze jours après on pourra soutirer.

Beaucoup de personnes, pour faire paraître le vin plus vieux, d'un bouquet plus relevé, et en même temps pour éviter de nuire à sa qualité, emploient *l'esprit framboisé*. Dans ce cas, la dose est deux onces pour chaque barrique ; on mêle bien cet esprit avec le vin, et quinze ou vingt jours après, le vin a acquis un certain degré d'apparente maturité, augmenté par l'espèce d'odeur que ce mélange lui communique.

Le bouquet qui est donné par ces moyens aux vins communs ou ordinaires, ne remplace jamais qu'imparfaitement le bouquet naturel qui distingue nos vins de Médoc de choix et nos vins de Graves, qui doivent embaumer le palais. Il est très-aisé de distinguer le bouquet factice qui a été donné au vin, pour peu qu'on ait l'habitude d'en déguster, car l'odeur de *l'iris*, tout comme de la framboise, domine toujours dans les vins qui ont été travaillés, et forme un contraste frappant avec la saveur naturelle des mêmes vins.

———————

EAUX-DE-VIE.

On peut extraire de l'eau-de-vie de toutes les espèces de vin ; mais quelques-uns en fournissent plus que d'autres. Les vins les plus corsés ne sont pas ceux qui donnent le plus d'esprit. Il est plus avantageux de distiller les vins qui commencent à décliner, que ceux dont le bouquet est parfait ; non-seulement parce que les premiers sont à meilleur marché, mais parce que l'esprit y est à un état de plus grand développement. Les vins de Saintonge, de la Rochelle et du Languedoc sont ceux qui sont les plus propres à la distillation.

Les vins âpres et verts ne donnent de l'eau-de-vie qu'avec difficulté.

Les vins doux ne donnent que peu d'eau-de-vie à la distillation.

L'eau-de-vie est l'esprit-de-vin mélangé avec une quantité considérable de phlegme.

Le tartre et les lies ne sont point perdus, on en fait beaucoup d'emploi dans le commerce. Le tartre s'emploie en médecine et dans la teinture, et les lies sont desséchées et servent aux chapeliers pour la teinture et la fabrication des chapeaux.

ESPRIT-DE-VIN.

L'esprit-de-vin en $\frac{3}{5}$ ou $\frac{3}{6}$ est (comme l'eau-de-vie) tiré du vin par la distillation, mais à un beaucoup plus haut degré de perfection ; car l'esprit de $\frac{3}{6}$ étant plus pur que l'eau-de-vie, et dégagé des parties aqueuses ou phlegmatiques du vin, ou que l'eau-de-vie peut encore contenir, cette espèce d'eau-de-vie est presque entièrement composée d'alcool ou d'esprit ; et son degré de pureté peut se connaitre (tout comme celui de l'eau-de-vie) par sa pesanteur spécifique, que l'on vérifie à l'aide d'un instrument appelé éprouvette ou hydromètre.

L'esprit de $\frac{3}{6}$ doit être à 33 $\frac{3}{8}$ degrés de l'éprouvette, pour avoir la preuve de commerce ordinaire, quand le thermomètre est à dix degrés ; c'est le point adopté pour cet instrument [1].

Si l'on veut réduire le $\frac{3}{6}$ pour en faire de l'eau-de-vie, il faut lui rendre la pro-

___

[1] Les degrés dont il est question sont ceux de l'hydromètre et du thermomètre français.

portion d'eau qui en a été séparée dans la rectification.

Cette opération se fait de deux manières : 1°. au moyen de l'eau distillée, et l'on colore ensuite à volonté avec le caramel ou avec une teinture de *roucou*; 2°. avec du vin blanc, mélangé dans la proportion nécessaire ; mais dans ce cas il faut procéder à une nouvelle distillation.

Il a été reconnu et prouvé que 20 veltes d'eau, et 30 veltes d'esprit de $\frac{1}{6}$ à 33 $\frac{1}{8}$ de l'hydromètre de Cartier, et à 10° du thermomètre, donnent 50 veltes[1], (ou 100 gallons anglais) d'eau-de-vie à

[1] L'auteur se trompe quand il suppose que 20 mesures d'eau et 30 mesures d'alcool donneront 50 mesures de mélange; car il s'opère une certaine contraction du volume, et le mélange occupe moins d'espace que n'en occupaient ses parties séparément.　　(*L'éditeur anglais.*)

la preuve ordinaire de 19 à 19 $\frac{1}{2}$ de l'hy-dromètre. Il est également connu que 8 $\frac{1}{3}$ veltes d'eau, avec 41 $\frac{2}{3}$ veltes d'eau-de-vie à 22 degrés, produisent 50 veltes d'eau-de-vie à la preuve ordinaire de 19 $\frac{1}{4}$.

C'est la même chose que 7 veltes d'eau mêlées avec 43 veltes d'eau-de-vie à 22 degrés, qui produisent aussi 50 veltes à 19 $\frac{1}{2}$ degrés.

Ces explications suffisent pour faire voir la manière de réduire les esprits-de-vin au degré requis à l'aide d'une règle de proportion. Je vais donner ici les degrés de preuve en usage dans les pays qui font le commerce avec la France ; savoir :

La preuve américaine est	22 $\frac{3}{4}$ degrés.
(de l'hydromètre français.)	
La preuve de Londres. . .	21 $\frac{7}{8}$
La preuve de Cognac. . .	22
Et celle de Bordeaux. . .	19 $\frac{1}{2}$

Les eaux-de-vie, lorsqu'on est prêt à les mettre en bouteilles, doivent être clarifiées de la même manière que le vin ; il y a une espèce de collage particulier pour cet objet, avec lequel on évite tout dépôt dans la bouteille.

CLASSIFICATION

DES

VINS DE BORDEAUX,

COMPRENANT

Ceux du département de la Gironde, des particularités sur leurs qualités distinctives et les noms des principaux crus.

~~~~~~~~~~~~~

VINS ROUGES DE MÉDOC.

BAS MÉDOC (OU MÉDOC SEPTENTRIONAL.)

Le bas Médoc est divisé en communes dont les noms suivent : Saint-Christoly, Valeyrac, Bégadan, Blagnan, Potensac, Saint-Erlody et Lesparre. Dans tous ces endroits on trouve des vins qui ont de la
~~~~~~~~~~~~~

couleur et du corps, mais point de bouquet; il y en a qui ont plus ou moins
le *goût de terroir*, tels que ceux de Saint-
Erlody et de Lesparre, qui ont plus de
fermeté que les autres. Ceux de Blagnan,
Valeyrac et Begadan sont plus légers et
plus agréables; les vins de Blagnan, dans
les bonnes années, sont les plus moelleux; ces vins ne mûrissent que tard,
et surtout ceux de Lesparre et de Saint-
Erlody. En Hollande et sur les côtes de
France on fait usage de ces vins comme
vin de Médoc ordinaire. Il leur faut sept
ou huit ans pour mûrir.

N. B. Les termes « Vin de grands
» propriétaires, vin bon bourgeois, vin
» bourgeois, et vin de paysan, » sont
employés quelquefois dans les pages sui-
vantes pour dénoter le produit des vignobles de ces classes de propriétaires.

(*L'éditeur anglais.*)

SAINT-SEURIN ET CADOURNE.

Il y a dans ces deux communes quelques crus sur des sols mixtes ; nous trouvons là des vignes sur des terrains de graves et de terre forte. C'est dans cette partie du Médoc que l'on commence à rencontrer de la *séve*. Les vins que produisent les terres fortes ont moins de bouquet que ceux des graves ; mais alors ils ont plus de couleur, et sont plus fermes ; ceux de graves sont très-légers et mûrissent de bonne heure, voilà pourquoi ils sont bons à boire au commencement de la troisième année. Les premiers crus dans Cadourne sont Adémar et Saujon, Brannes-Cabarrus, Audron, Figeron, Roustain et Lussac ; à Saint-Seurin, nous trouvons ceux de MM. Ber, Brochon, Lamothe, Charmail, Grandes.

Curcier et Ducasse : il n'y a qu'une différence de trente ou quarante francs par
tonneau sur tous ces vins. Le prix des
vins de paysan dans ces communes est
de soixante, quatre-vingts ou cent francs
au-dessous des autres, d'après les prix
généraux.

MOYEN MÉDOC.

COMMUNE DE VERTEUIL.

Ces vins ont de la couleur, et sont
fermes et moelleux quand ils ont de l'âge,
mais avec peu de bouquet; on les recherche beaucoup en Hollande et dans le
Nord, où ils sont classés comme vins de
Médoc ordinaires. Les crus en réputation sont Luëtkens, Camiran, Gorrand,
Lassalle, et ceux anciennement nommés

abbaye de Verteuil; au bout de six ans ils sont bons pour la bouteille, dans laquelle ils s'améliorent considérablement.

———

CISSAC, SAINT-SAUVEUR ET SAIN-LAURENT.

Ces trois communes sont très-considérables; elles sont situées sur le derrière (à l'ouest) de celles de Saint-Estèphe, Pauillae et Saint-Julien. Leurs vins ont moins de couleur que ceux de Verteuil. Ceux de Cissac ont moins de couleur et plus de bouquet que ces derniers, et sont un peu plus fortement corsés que ceux de Saint-Sauveur, qui sont d'un goût plus agréable et ont plus de délicatesse que ceux de Cissac. Les vins de Saint-Laurent sont très-bons; ils ont plus de force et de fermeté que ceux de Saint-Sauveur, de Cissac et de Verteuil, mais ils sont plus longs à mûrir et ont un peu plus de bouquet. Les crus les plus renommés dans Cissac sont ceux de Larrivau, la baronne Dubreuilh, Dumousseau et Abiet. Dans Saint-Sauveur, les meilleurs crus sont Cavaignac, Ducasse-Tourtereau, Lynch, Badimont et d'Anglade. Dans Saint-Laurent, ceux de Lutkens, Pontet de la Rose, Coutanceau, Popp, Pieck et Van Doëhren.

———

SAINT-ESTÈPHE.

Les vins de cette grande commune sont distingués par leur grand bouquet, et parce qu'ils conservent pendant long-temps dans le verre leur saveur et leur force ; ils sont forts et agréables, légers et aromatisés ; et, comme ils mûrissent vite, on peut les mettre en bouteilles au bout de trois ans; en général on les considère comme ayant peu de couleur, et cependant parmi eux il y en a qui en ont beaucoup. Le château Lafitte (premier grand cru) a une partie de ses vignes sur Saint-Estèphe. Le premier cru de cette commune est Calon, compté comme le meilleur troisième cru du Médoc. Les seconds crus sont, Destournelle, Cos, Tronquoy, le Bosc, Maurin, Lafon, Duroché, Delaveau, Lüetkens, Arbouet, Laboury, Fatin, Lulliot, et plusieurs autres propriétaires, dont les vins sont très-agréables, quoiqu'inférieurs aux précédens. La Hollande tire une grande quantité de ces vins, et principalement ceux qui sont désignés sous le nom de *vins de paysans:* les villages où l'on trouve ces derniers, les plus estimés, sont Marmuzet, Cos et Pez.

———

PAUILLAC.

Cette commune est très-riche en grands vins. Tous ces vins sont pleins de bouquet ou de parfum, et de substance ; ils se distinguent par beaucoup de force et par leur délicatesse ; ils sont plus riches que ceux de Saint-Estèphe, et leur bouquet est excellent ; ils sont aussi plus long-temps à mûrir ; à l'âge de cinq ans ils sont dans leur perfection, et propres à être mis en bouteilles. Nous trouvons à Pauillac *le château Lafitte*, qui est l'un des plus grands crus du Médoc. Mouton est le second cru de la commune ; viennent ensuite Canet, Grandpuy, Saint-Guiron, Armailhac, Ducasse, Lynch, Pécholier et Mandavie. Ces vins se consomment en Angleterre ; les Anglais, qui en sont grands amateurs, achètent pres-

que tous les vins que produit cette commune.

———

SAINT-LAMBERT.

Cette commune a été réunie à celle de
Pauillac à cause de sa proximité; elle
produit d'excellens vins, qui réunissent
à peu près les mêmes qualités que ceux
récoltés dans la commune de Saint-Julien. Les vins de Saint-Lambert sont connus par le cru de Latour, l'un des premiers grands crus du Médoc, distingué
par la fermeté et la couleur, par un haut
bouquet, et par plus de corps que celui
de Lafitte; ce vin exige une année de
plus en barrique pour acquérir toute sa
perfection avant qu'on puisse le mettre
en bouteilles. Les Anglais en sont grands
amateurs, et l'achètent presque tou-

jours, spécialement dans les bonnes années. Il y a aussi dans cette commune le cru de Pichou-Longueville, qui depuis quelques années a été classé avec les seconds grands crus du Médoc, ce qui est dû aux soins qu'on a pris pour son amélioration.

SAINT-LAURENT (PRÈS SAINT-JULIEN.)

Un grand nombre des vins de cette commune, dont nous avons déjà parlé, peuvent être considérés seulement comme vin de Médoc ordinaire, excepté deux crus; savoir : Carnet, qui est réputé comme un des troisièmes crus du Médoc; l'autre, moins estimé, est Pontet-Berganson, dont le vin est fort semblable au vin ordinaire de Saint-Julien.

SAINT-JULIEN.

Est une commune très-distinguée pour la généralité de ses bons vins, qui ont autant de bouquet que ceux de Saint-Estèphe, mais sont plus délicats. Leur saveur fait long feu, c'est-à-dire, elle dure long-temps dans le verre. Les vins de Saint-Julien sont fortement corsés et agréables; ils ont cependant un parfum particulier qui les distingue parfaitement bien de ceux des autres cantons du Médoc. Ces vins peuvent être comparés, pour la qualité, à ceux de Margaux et de Cantenac; mais il est nécessaire de les garder cinq ou six ans en barriques, pour qu'ils atteignent à leur entière perfection, et pour qu'on puisse les mettre en bouteilles. Alors ils réunissent toutes les qualités qui constituent le bon vin.

Les principaux crus dans la classe des seconds grands crus du Médoc, sont connus sous les noms de Léoville et Larose (*ou Gruau*); ceux qui viennent après sont, Ducru [1], Cabarrus; ensuite Pontet, Saint-Pierre, qui a le bouquet le plus distingué; viennent après, Duluc, le Château de Bechevelle [2], Daux et Cadillon; et, enfin, Bedon et Conte.

----

[1] En 1825, **Ducru** a produit du vin qui, par quelques bons juges, a été trouvé le plus fin de cette excellente vendange, et qui a été vendu à peu près au prix le plus élevé de cette année.

[2] Le château de Bechevelle (qui appartient maintenant à M. Guestier) était anciennement, sur la Garonne, un poste que tous les vaisseaux qui arrivaient à l'opposé devaient saluer en abaissant leurs voiles de perroquet : de là lui est venu son nom tiré par corruption de *baisse voiles*.

LAMARQUE ET CUSSAC.

Les vins de ces deux communes ont généralement peu de qualité ou de séve, mais une assez bonne couleur et quelque force ; on les préfère à ceux d'Arcins. Les vins de Cussac ont ordinairement plus de force que ceux de Lamarque, et ceux de l'une et l'autre communes sont plus colorés que ceux d'Arcins ; ils ont un bouquet plus aromatisé ; ils ont acquis toutes leurs qualités après avoir été gardés dans le bois pendant six ans, et alors ils sont bons à mettre en bouteilles. Les crus distingués dans Cussac sont, Bergeron, Camarsac et Delbos ; on trouve aussi de bons vins convenables pour le Nord et pour la Hollande ; parmi ceux-là sont les crus de Despaze, Labarthe, Legraët. Les crus distingués dans Lamarque sont.

le Château, la veuve Giard, la veuve Bergeron, Pigneguy et Von-Hémert. Les autres vins de ces communes sont exportés comme vins *ordinaires* en Hollande et sur les côtes de France.

ARCINS.

Est une petite commune dont les vins sont assez agréables, spécialement dans les bonnes années. Le village de Poujau produit les meilleurs; ils n'ont pas autant de couleur, ni un aussi beau bouquet que ceux de Soussans; mais ils s'avancent plus tôt dans le bois, et au bout de quatre ans ils sont assez mûrs pour être mis en bouteilles. Le Nord et la Hollande en font usage. Les premiers crus sont, Gressier, Garat, Pressac, Suberca-

sceaux, Duperiez et le Château de Bados,
qui est le meilleur.

———

SOUSSANS.

Les vins de cette commune ont une
très-bonne séve et de la couleur ; mais ils
ont un peu de dureté quand ils sont nouveaux, ce qui les empêche de se déve-
lopper avant six ans, époque à laquelle
ils sont suffisamment mûrs pour être
mis en bouteilles. Les contrées du Nord
achètent de grandes quantités de ces vins
qui gagnent à passer la mer. Les Hollandais en sont aussi fort amateurs. Les
premiers crus sont, Lapareil, Deyrem,
Mercier, Belais, Secondat, et en partie
Saint-Pé, Capelle et De Gorsse.

———

MARGAUX ET CANTENAC.

Deux excellentes communes, qui renferment une partie des premiers, seconds et troisièmes grands crus du Médoc; tels que Château-Margaux, premier cru, et dont la séve est jugée par quelques personnes plus fine que celle de Château-Lafitte; les seconds crus sont, Rauzan, Lascombe, Montbrison et Gorce[1]; les troisièmes crus sont, Kirwan, Castelneau, Solberg, Durand, Candale, Maescot, la Colonie et Dubignon; il y en a encore quelques autres très-peu inférieurs. Après ceux-ci viennent les premiers petits crus, et les premiers *bons bourgeois*, dont un grand nombre sont très-bons. Les vins de ces deux com-

[1] Remarquable pour son bouquet.

munes, dans les bonnes années, et quand la saison a été favorable, ont un grand degré de délicatesse, une belle couleur, sont pleins de séve, avec un doux parfum qui embaume la bouche; ils sont forts sans être fumeux, ils égaient sans causer de mal à la tête, et ils laissent l'haleine pure et la bouche fraîche. Ces vins sont très-recherchés par les habitans du Nord, et particulièrement par les Anglais, qui leur accordent une préférence toute particulière. Ils sont bons à être mis en bouteilles après quatre ans et demi ou cinq ans, selon la vendange. Leur séve ou bouquet participe de l'odeur de la violette.

LA BARDE.

Les vins de cette commune ont de la

couleur et de la fermeté, et se distinguent par leur séve; ils ont l'avantage de devenir moelleux en vieillissant; à cinq ans et demi ou six ans leur qualité est suffisamment développée pour qu'on puisse les mettre en bouteilles sans risque de dépôt. Le premier cru est Giscours, que l'on considère comme l'un des troisièmes grands crus du Médoc; ceux qui viennent après sont, Lynch, Laroque, Bourgade, Deyrem, Faget, Bellegarde et Lautrec.

***

GRAVES DE MACAU.

Les vins de cette commune, dont les deux tiers croissent en *grave*, ont beaucoup de couleur et de fermeté; mais ils ont moins de séve que ceux de Labarde, et ne sont pas d'une saveur aussi

agréable, ni si moelleux que ceux de
Ludon; mais ils sont forts, et ont une
belle couleur ; on s'en sert souvent pour
couper les vins maigres et faibles, et leur
donner de la consistance. Ils conviennent beaucoup pour le Nord, et s'améliorent à la mer; on les recherche aussi
beaucoup en Hollande dans les bonnes
années; alors ils sont moelleux, qualité
qu'ils n'acquièrent que lentement dans
les années communes : les Hollandais ai-
ment les vins moelleux. Les bons crus
sont, Villenave, Lassus, Cambon, Fel-
lonceau, Byrne, Capelle, Dudevant et
Lalanne. Les autres crus sont inférieurs,
et ont tous, plus ou moins, le goût de
terroir.

LUDON.

Très-bonne commune, dont les vins

ont beauconp de couleur et plus de sève que ceux de Macau. Les Hollandais sont fort amateurs de ces vins; car ils préfèrent toutes les qualités dont ils sont doués, particulièrement dans les bonnes années; alors ils ont de la couleur, du moelleux et une saveur aromatique; ces vins sont en outre généralement exempts de verdeur, défaut qu'aucune autre qualité ne peut racheter. A l'âge de six ou sept ans ils ont atteint un développement suffisant de leurs qualités pour pouvoir être mis en bouteilles. Le premier cru est la Lagune, l'un des troisièmes crus du Médoc; les autres sont Lemoine et Pommier.

ARSAC.

Petite commune, dont les vins sont

très-bons, et ont de la séve et de la fermeté, avec une assez bonne couleur. Ils ne sont pas aussi long-temps à mûrir que ceux de Ludon, et peuvent être mis en bouteilles après cinq ans ou cinq ans et demi. Les premiers crus sont, MM. Guy (*au Tertre*), Lawton et Legras. La séve de ces vins ressemble à celles des crus de Cantenac.

CASTELNEAU.

Vins très-communs de la classe des Médoc ordinaires ; comme ils sont mous et sans bouquet, ils atteignent promptement à leur maturité, et sont buvables à l'âge de quatre ans.

LISTRAC.

Bonne commune pour les vins de

Médoc communs; ils ont une bonne couleur, assez de force, et quelque bouquet, mais sont un peu durs. Ils peuvent être mis en bouteilles à l'âge de six ans. Ils sont très-bons pour le Nord et la Hollande, parce qu'ils s'améliorent et perdent leur dureté à la mer Les bons crus sont ceux de Leblanc, Monraisin, Petit-Labarthe, Vonhémert, Hostin, Damas et Lestage.

***

MOULIS ET AVERSAN.

Les vins de ces petites communes sont à peu près les mêmes que ceux de Listrac; ils ont de la couleur et de la fermeté; ceux d'Aversan ont un peu plus de bouquet; on les met en bouteilles au bout de six ans; ils conviennent très-bien pour le Nord.

***

LE TAILLAN.

Commune qui jadis faisait beaucoup de vin; mais aujourd'hui ses vignes sont ruinées. Ses vins rouges sont délicats; comme ceux des Graves, ils sont légers et ont peu de séve. Les vins blancs de Grave, qu'on récolte également ici, sont d'une très-bonne qualité; mais les quantités de l'une et l'autre sorte sont si minimes qu'on n'en parle pas. Ces vins se mettent en bouteilles au bout de quatre ou cinq ans.

BLANQUEFORT.

Est une commune étendue où il se récolte une grande quantité de vins dénués de séve et d'agrément. La plupart

de ces crus sont exempts du goût de terroir qui domine dans quelques-uns des
vins des coteaux et des sols bas de cette
commune. Ils ont une assez belle couleur, et le peu de séve que quelques-
uns d'entre eux acquièrent en vieillissant ne se développe que tard; mais
alors cet effet a lieu d'une manière très-
déterminée, après six mois de bouteille.
Ils se mettent en bouteilles après la sixième
ou la septième année. L'exportation de
ces vins, quand ils avaient deux ans ou
trois ans d'àge, était anciennement très-
considérable, particulièrement pour l'A-
mérique; à cet àge, le transport par mer
leur est très-favorable. On les envoie
aujourd'hui dans le Nord, où la vente
en est très-facile. On fait aussi des vins
blancs de Graves ici, qui sont de la première qualité, secs et agréables, et ont
assez de force; ils sont fort estimés dans

le Nord, parce qu'ils réunissent l'agrément et le moelleux à plus de corps que n'en ont les autres vins blancs de Grave. Particulièrement le Pontac et le Dulamont, sont les premiers crus.

EYZINES ET BRUGES.

Vins très-ordinaires, n'ayant que peu de force et point de séve, avec un peu de goût de terroir, particulièrement ceux de Bruges; il y a quelques crus sur la Grave qui sont exempts de ce défaut; de ce nombre sont ceux de Duret, Abiet et Saint-Laurent : ces vins deviennent buvables de bonne heure; on peut les mettre en bouteilles après quatre ans et demi.

VINS DE GRAVES ROUGES.

Observations essentielles sur les vins de Graves en général.

C'est avec le Merlot de trois espèces, le Carbouet ou Carmenet, le Verdot, le Gouerdoux ou Malbeck, le Balouzat ou Mouzanne et le Massoutet (tous très-bons cépages), que l'on fait ces vins de Graves délicats qui disputent à ceux de Médoc la préférence parmi les vins du département de la Gironde. En général ils sont plus corsés, plus vineux et plus colorés que les vins de Médoc; mais ces derniers leur sont préférés pour la séve, pour le bouquet et pour la saveur. Le goût du raisin, qui caractérise tous les vins de Bordeaux, est plus prononcé dans ces derniers. Les vins de Graves ne peuvent pas être mis en bouteilles avant d'avoir été dans le bois six ou huit années, selon la nature de la vendange de l'année où ils ont été récoltés. Leur durée est étonnante, et souvent à vingt ans ils n'ont encore perdu aucune de leurs excellentes qualités.

—————

MÉRIGNAC.

Est une commune étendue où l'on récolte un grand nombre de vins ordinaires; mais il s'y en trouve aussi de très-distingués, tels que Bourrau, le Bourdillot, Piquaillau, Roussignac et Marbotin, l'Archevêque, Burgade, Lafond, Olivier, Martel, et beaucoup d'autres. Quoique ces vins soient dans la classe des Graves, ils remplacent avec avantage les Médoc, principalement ceux des quatrième et cinquième crus, quand ceux-ci ont un peu de maigreur, parce qu'ils sont très-agréables et coulans. En vieillissant ils acquièrent, dans les bonnes années, du moelleux et un bon bouquet; on peut les mettre en bouteilles après six ,ou sept ans. On fait aussi dans Mérignac un peu de vin blanc de Grave de bonne qualité.

PESSAC.

Est une très-bonne commune du canton des Graves, dont les vins sont généralement d'une couleur vive et brillante; ils ont plus de corps que ceux de Médoc, mais ils en diffèrent par moins de bouquet, de moelleux et de finesse. Le premier cru est celui de Château-Hautbrion ou Pontac, l'un des quatre premiers grands crus du département, quoiqu'il ait perdu dans ces dernières années un peu de sa réputation, parce qu'on a trop fumé. Les vins de Hautbrion ne peuvent être mis en bouteilles que six ou sept ans après avoir été récoltés, tandis que les autres grands crus sont souvent buvables après cinq ou six ans. Les second crus de Pessac sont, Hautbrion-Mission, Chaulet, Jarrige ou Pape Clément, la Ferme du duc de Bordeaux et Sarget; tous ces vins ont une séve particulière; dans les bonnes années ils sont pleins et moelleux.

———

TALENCE.

Ses vins de Graves sont fort estimés; ils ont de la couleur et de la fermeté; ils viennent après ceux de Hautbrion ou de

Pessac. Les vignes de la partie appelée le Haut - Talence fournissent des vins fins de l'espèce et de la qualité des second et troisième crus de Pessac. Parmi les autres crus nous trouvons des vins corsés et très-fermes. Ces vins peuvent être mis en bouteilles au bout de cinq ou six ans. Les crus distingués sont ceux de Weis-Goudal, Michel, Gradis, maintenant appelé Raoul et Maillères.

GRADIGNAN.

Vins ordinaires, que l'on compare aux vins rouges communs de Mérignac; les blancs que l'on y récolte sont très-secs et ordinaires; le cru de madame de Valois est le meilleur.

VILLENAVE-D'ORNON.

Cette commune produit une quantité considérable de vins rouges qui diffèrent beaucoup pour la qualité, d'après le voisinage de ses vignes avec celles des communes de Léognan et de Bègles, ou des bords de la rivière. En général ces vins ont moins de corps et plus de goût de terroir que ceux de ces dernières communes. Léognan en est exempt. Villenave s'est acquis de la réputation par l'excellente qualité de ses vins blancs, dont les plus estimés sont, Saint-Bris et Carbonnieux. Viennent ensuite le marquis d'Alon, Basquiat, Bousque, Rougier, Otard, Larché, Laporte, l'Étang, etc.

———

LÉOGNAN.

Cette commune produit des vins plus fermes que ceux de Mérignac; ils ont en général plus de corps, mais moins de moelleux. Quelques-uns d'entre eux, récoltés sur les sols bas, ont un peu de goût de terroir, mais les autres n'ont pas ce défaut; ils sont même employés pour couper et fortifier les vins de Médoc faibles, parce qu'ils se conservent long-temps, et que leur qualité s'améliore par l'âge ou en passant la mer. Anciennement les Anglais leur donnaient la préférence pour les marchés d'Irlande; mais aujourd'hui ils sont exportés dans le Nord et en Hollande, où on les estime beaucoud. On récolte ici encore quelques très-bons vins de Graves petillans; on peut les mettre en bouteilles à six ans. Les premiers crus sont, M. Délitry, de Canolle-Lagubat, Dufresne.

———

MARTILLAC.

Bon vin de Grave rouge, ayant de la fermeté et du corps, avec une assez bonne couleur, mais très-peu de séve, et qui n'est guère que vin d'ordinaire; mais il y a ici quelques très-bons vins de Grave blancs, dont la plus grande partie est employée pour remplacer le bon vin de côte de Langoiran et de Beaurèche. Ces vins blancs, mis en bouteilles au bout de cinq ans, acquièrent une saveur très-agréable. Ceci doit s'entendre de ceux récoltés dans les bonnes années.

———

VINS DE COTES.

SAINT-ÉMILION, CANON ET FRONSAC.

Ces vins sont considérés comme les premiers de côtes en fait de rouges; ils sont agréables, ont du corps, avec une belle couleur. Ceux de Saint-Émilion sont pleins d'esprit et délicieux; comme ceux de Canon, ils ressemblent aux vins de Bourgogne; et quand ils sont vieux, ils communiquent, comme ces derniers, une sorte de chaleur à l'estomac. Ceux des côtes de Canon étaient autrefois préférés aux vins de Médoc de la troisième classe, quoiqu'ils aient moins de légèreté et de sève. Ils ont beaucoup de couleur, sont fermes, d'un goût capiteux, tirant sur celui de la vigne sauvage, comme ceux de Saint-Émilion. On peut garder ces vins pendant long-temps, car ils ne commencent à décliner qu'au bout de quinze ou vingt ans. Ceux des côtes de Fronsac ressemblent un peu à ceux de Saint-Émilion et de Canon, mais ils n'ont pas autant de vivacité ni de séve; ils n'ont pas non plus leur goût de vigne sauvage. Après six ou sept ans on peut commencer à les mettre en bouteilles, où ils gagnent considérablement. La Hollande, la Flandre et l'intérieur de la France en consomment beaucoup. Il y a dans ces trois vignobles une grande quantité de bons vins, et quelques crus distingués, dont les vins, à l'état de nouveauté sont vendus cent francs de plus par tonneau que les communs; les premiers crus de Saint-Émilion sont, de Canole, Berliquet, l'abbé Desèze, Laborie et Fontemoing. Dans Canon, il y a Gaudefroy, de Laveaux; dans Fronsac, veuve Cayres, du Casse, etc.

———

LE BLAYEAIS.

Ce canton fournit beaucoup de petits vins de côtes rouges qui n'ont en général que peu de corps; il y en a quelques-uns cependant qui sont agréables, ce qui dépend de l'exposition plus ou moins avantageuse, de la qualité du sol et de la nature plus ou moins graveleuse des côtes, qui sont très-nombreuses. Ces vins ont plus ou moins de terroir. Ceux récoltés au sommet des côtes en sont exempts jusqu'à un certain point. De ce nombre, à Blaye sont les crus de Saugeron, Hyles, Cuigneau, Charron, Laporte-Beaumont, Cap de Haut à M. Binaud, Labarre, Pressogeron, Soissonneau, Lamarre, Du-

luc, la Baleingue, Gontaud et Jeanty. A
la côte de Cars sont, le château de Par-
daillan, Dupouy, Binaud, Arnaud de
Fours, etc.; à celle de Sainte-Luce, sont les
crus de Lelièvre, Raimond et Martin;
enfin à Saint-Paul, sont, Debiassau, Binaud, Séguin, etc. Ces vins, quoique fortement colorés, sont en général ternes;
ils mûrissent en deux ou trois années.
La Hollande, la Flandre, la Bretagne,
la Normandie, la Picardie, l'Artois et
l'intérieur de la France en font usage.

LE BOURGEAIS.

Ce canton fournit de bons vins de côtes,
qui ont beaucoup de fermeté et de corps,
mais sont moins colorés que ceux de
Blaye; ils ont beaucoup plus de finesse
et moins de goût de terroir; les communes

de la Libarde et de Camillac, ainsi que les premières communes de la banlieue[1], telles que Saint-Seurin et Bayon, etc., en sont totalement exemptes. Quand ces vins n'ont pas passé la mer, il faut attendre cinq, sept et même dix ans pour les boire bons. On compare les premiers crus du Bourgeais aux vins inférieurs de Médoc, qu'ils remplacent souvent, particulièrement dans les bonnes annés, car en vieillissant ils acquièrent de la légèreté, du bouquet, un goût d'amande très-agréable, et approchent beaucoup des bons vins de Bourgogne, étant spiritueux et d'un rouge foncé et velouté. Ces vins sont excellens pour la Hollande et

[1] La banlieue de la ville de Bordeaux comprend les communes de Bègles, Talence, Cauderan, Bouscaut et Bruges, toutes sur la rive gauche de la Garonne.

le Nord, ainsi que pour toute la côte de
France et la Flandre. Les vins de Camillac sont les plus légers, et mûrissent
en cinq années; ceux de Bourg sont de
plus longue garde, ils vont jusqu'à trente
ans, et même plus. Ceux de la Libarde
sont plus durs. Les premiers crus de
Bourg sont : madame de Boucaud, Peychaud notaire, Charles, Augereau, Gail-
lard, Rambauld, Pastoureau, Dalau,
Guyard, Galice, Despaignet, Maucon-
seil, Bertin, Marseau, Viard, Dorin,
Etiennes, Texier, la Peyrière, Ollivier,
etc.; dans Camillac il y a, Gellibert,
Peychaud, Julliau, Pecau, Leydet, Pas-
cault, Roy, etc.; dans la Libarde, veuve
Sou, Berniard, Arnaud, Montbrun,
Bouillon, Béchade, Eyraud, Lefort,
Jeanneau, Labadie, Bertiaud, etc.; dans
Baillon, Marsaux à Tajac, Béchade,
Château de Falfax, Calvimond, Eyquem,

Dupouil, Cailleux, Saint-Cricq, Gérus,
Malambic, Delarocque, Lignac, etc.;
dans Samonac, sont: Gagnerot, Can-
neaud, Robert, Degrange, Sou, Eymerit,
Lagrave, Bellotte, Roy, etc.

BASSEINS ET SAINTE-EULALIE D'AMBARÈS.

Deux communes qui fournissent de
bons vins dans les années favorables; ils
ont beaucoup de couleur et de fermeté,
et sont très-bons pour la Hollande, le
Nord, ainsi que pour la cargaison. La marine française les achète en général pour
l'approvisionnement de ses vaisseaux,
parce que ces vins tiennent bien et s'améliorent beaucoup à la mer. Les colonies,
le Nord et la Hollande en font aussi
usage. La Palue de Basseins rivalise avec
le vin de Montferrant, quand on de-

mande des premiers vins de côtes. Les vins de la côte de Basseins, quand ils sont nouveaux, sont d'une séve qui n'est pas très-agréable et qui a du rapport avec l'odeur du linge blanc de lessive; ce goût disparaît cependant avec l'âge. Ceux de Sainte-Eulalie ont aussi du terroir, ce qui est moins désagréable, mais dure plus long-temps et est toujours sensible. Les uns et les autres acquièrent leurs qualités en sept ou huit années, et à dix ou douze ils ne gagnent plus, et deviennent d'un rouge sombre briqueté : ils sont alors agréables et moelleux. Les premiers crus dans Basseins, sur la côte, sont : madame Dutastaing, Capelle le médecin, Romegoux notaire, Fieffé et de Pontis. Dans la Palue [1], sont : de Sar-

---

[1] Palue est le pays plat, par opposition à la côte, qui est le terrain en pente.

rau, Fieffë, Cotineau, de Pichon, etc.;
dans Sainte-Eulalie, sont : de la Manière,
Estansau, Duluc, Sandré, Cousicot, et
Dintraut, qui est le principal cru.

QUINSAC ET CAMBLANNE.

Deux petites communes dont les vins
sont assez bons, soit en palue ou en côtes.
On compare les vins de Camblanne à ceux
de Basseins : quoiqu'ils aient plus de fermeté et de couleur avec un peu plus de
dureté, ils sont aussi plus agréables au
goût. Ceux de Quinsac sont en général
un peu inférieurs en qualité à ceux de
Camblanne. Ces vins mûrissent plus vite
que ceux de Basseins : c'est à six ou sept
ans qu'ils ont acquis leurs bonnes qualités, quand ils n'ont pas été embarqués.
Ces vins sont très-bons pour la Hollande,

le Nord et l'intérieur du royaume, quand on demande des premières côtes. Bouillac et Latrêne sont les secondes côtes.

Note. Les communes de Combes, Beaurech, Tabanac, Letourne, Langoiran, Paillet, Rions, Beguey, Cadillac, Loupiac, Sainte-Croix-du-Mont, Verdelet, Créon, Targon et la Benauge (entre deux mers), ne produisent que peu de vin rouge. Les vins qu'on y recueille, quoique d'une assez bonne couleur, ne sont, à peu d'exceptions près, que de qualité ordinaire ou très-communs, ayant presque tous un goût de terroir plus ou moins décidé, et sont naturellement d'une saveur dure, et quelques-uns sont astringens.

PORTETS, CASTRES, BAUTIRAN.

Trois petites communes qui produisent de bons vins rouges, que l'on emploie comme Graves communs ou bonnes côtes, suivant les circonstances, car ils participent des uns et des autres, le sol variant beaucoup. Presque tous ces vins ont plus ou moins de terroir, ce qui n'est cependant pas désagréable; ceux de Castres et de Bautiran en ont plus que ceux de Portets; ces derniers sont en général plus légers et mûrissent plus vite : on a vu quelques-uns de ces vins, dans les bonnes années, être bien faits, délicats, et bons à mettre en bouteilles au bout de trois ou quatre ans. Les vins de palue, dans Bautiran, sont pleins et moelleux dans les bonnes années. Tous ces vins sont bons pour la Hollande, le Nord et la côte de France. Les premiers crus de Portets sont, Curcier du Cabritey, Bélais, Doms, Miailhe Cousin, et autres. Ceux de Bautiran sont, madame Boudin, dans les vins de Graves; et M. de Saint-Laurent, dans ceux de palue.

SAINT-MACAIRE.

Voici les plus bas vins rouges de Bordeaux; ils ont quelque couleur, mais ils ont le goût de terroir, et n'ont point de corps. On les envoie en Bretagne et à Paris, ou bien on les consomme dans les cabarets de Bordeaux, où ils sont mélangés avec du vin blanc.

PALUS DE QUEYRIES [1].

Ce sont les meilleurs crus de cette

[1] Par *Palu*, on entend un terrain bas, humide ou marécageux; par *Queyries*, un sol d'alluvion abandonné par la rivière et devenu susceptible de culture.

6*

classe de vins; ils sont d'un beau rouge foncé, ont du corps, et même une saveur particulière et agréable quand ils sont mûrs; et quand ils sont très-vieux, ils acquièrent un bouquet de framboise; comme ces vins ne communiquent aucun mauvais goût, on s'en sert souvent pour donner de la fermeté et de la couleur aux vins de Médoc les plus pauvres, en en mélant un huitième, un quart et jusqu'à un tiers avec eux, selon l'exigence; ils ont l'avantage, quand ils sont vieux, de ne pas nuire à la riche séve des vins de Médoc. On peut s'en servir pour ce coupage à l'âge de trois ou quatre ans, parce qu'alors ils sont moelleux, quand ils sont le produit d'une bonne vendange. Les crus les plus estimés sont ceux de Sylvestre, Floguergue, Trappeau, Deboucan, Lachèze ou Ferrière, Archebold médecin, Brant, veuve Royé, Goudable, etc. Il faut les laisser six ou huit ans dans le bois avant de les mettre en bouteilles, après quoi ils sont de longue garde.

***

MONTFERRAND ET BASSENS.

Seconde qualité de Palus, qui a beaucoup de couleur et de corps, et en général un goût moins distingué que les vins de Queyries. Ces deux qualités de vins sont employées pour les expéditions dans les Indes, spécialement pour les îles de France et de Bourbon, où elles sont très-réputées. Le Nord et la Hollande les achètent aussi. Comme ceux de Queyries ces vins conviennent beaucoup pour corser les vins fins de Médoc sans nuire à leur sève; mais il faut qu'ils soient bien faits et âgés au moins de deux ou trois ans. Ces vins valent 4o ou 6o francs de moins que ceux de Queyries. On les appelle souvent vins de *cargaison*, parce qu'ils tiennent parfaitement bien à la mer, où ils s'améliorent toujours; quand on ne les embarque pas, ils exigent six ou sept années pour être mis en bouteilles; ce n'est qu'alors qu'ils acquièrent du bouquet.

PALUS D'AMBES, BOUILLAC, CAMBLANNES, QUINSAC, SAINT-GERVAIS, BACALAN.

C'est la troisième classe des palus. Ils ont plus de couleur et de force, mais ils sont plus durs; ils tiennent parfaitement à la mer; on les connaît sous la dénomination de bons vins de cargaison. On en consomme dans nos colonies et en Amérique; les Hollandais aussi les achètent pour leurs colonies; et, dans ces derniers temps, le Nord en a enlevé une partie, ainsi que la marine française. Les premiers crus de Saint-Gervais sont compris dans les troisièmes palus; les valantons en sont aussi.

—————

PALUS DE SAINT - LOUBES, LA TRESNE, MACAU, BEAUTIRAN ET ISON.

Vins de la quatrième classe des palus, que l'on considère ainsi comme vins de cargaison , et qui sont consommés dans l'intérieur du royaume comme bons vins ordinaires. Ils ont une assez bonne couleur et de la force; mais il en est plusieurs qui ont un goût de terroir qui exerce sur le palais un effet desséchant, spécialement ceux d'Ison; les autres l'ont plus ou moins. Ces vins mûrissent plus promptement que ceux dont il a été parlé plus haut; il y en a qui peuvent être mis en bouteilles après quatre ans.

PALUS DE SAINT - GERVAIS, CUBZAC , SAINT-ROMAIN , ASQUE, ET DE L'ISLE SAINT-GEORGE.

Vins de la cinquième classe ou du cinquième rang parmi les palus. Ces vins sont plus ou moins affectés du goût de terroir; ils sont d'une assez bonne couleur, mais durs et communs; ils ont cependant un corps considérable : on les envoie en Hollande et en Bretagne comme vins communs; la Picardie et la Flandre en achètent aussi, et on les y coupe avec des vins blancs.

CAHORS.

Ce sont de très-gros vins, dont les meilleures sortes sont rendues agréables au moyen d'une liqueur composée et préparée avec de l'eau-de-vie et des raisins cuits, que l'on presse fortement pour en extraire la couleur. Le vin, préparé avec moitié de cette composition, s'appelle le *raugome*, et est d'une force extraordinaire. On ajoute de ce raugome, en quantité plus ou moins grande, aux premiers vins, afin de leur donner plus d'agrément et de couleur; et les différences de qualité proviennent des proportions requises. Il n'y a que les premiers crus qui puissent se garder ainsi comme vins vieux, parce qu'ils ont assez de force dans leur qualité naturelle pour supporter le travail du *raugome*, dont il ne leur faut qu'une petite quantité, au lieu que nous en mettons davantage dans la seconde classe de vins, ainsi que dans les troisième, quatrième et cinquième sortes. Plus il faut de cette préparation, plus on en ajoute, et moins le vin se conserve; et les vins traités de cette manière sont rarement bons après quinze ou dix-huit mois; ils sont alors ordinairement piqués. Ceux qui ont été travaillés par ce procédé ont, dès l'origine, un goût *d'échauffé* qui reste sensible, et que les étrangers prennent pour un goût de terroir. C'est précisément ce goût qui conduit plus vite ces vins à l'acidité. Les vins de Cahors qui n'ont pas été préparés de cette manière, ne sont que de gros vins, fortement colorés, très-durs, sans agrément et peu généreux; ils sont bons pour la cargaison. On fait beaucoup d'usage de tous ces vins à à Paris, où ils sont mêlés avec des vins blancs.

Le Nord, la Prusse et la Russie en achètent aussi de grandes quantités. Les premières *marques* pour ces vins sont, Constant, Dubas, Trente, Étienne, Pagès et Duras. Il y en a quelques autres que l'on prend pour remplacer ceux-ci, quand il n'y a pas de ces premières marques, ou parce qu'on peut les obtenir à 40 ou 50 francs au-dessous ; tels sont ceux à la marque de Constant Labarthe ; et Constant de Douelle. Les secondes qualités sont, Nectar, Hautbrion, de Ruppé, Couture, etc.

———

BUZET, LEYRAC, MARMANDE, CLÉRAC ET GAILLAC.

Buzet est une commune de la rive

gauche de la Garonne, près de Castel-Jaloux [1], qui produit de très-bons vins de côtes, d'une belle couleur, mais de peu de force; ils sont plus long-temps à mûrir que nos vins de côtes communs; quoique d'une saveur commune, ils sont cependant employés pour le mélange avec les vins de côtes, quand ceux-ci, dans les mauvaises années, sont maigres et ont peu de couleur; alors on leur ajoute une moitié ou un quart de vin de Buzet, ce qui en améliore la qualité. Ils gagnent à vieillir.

Leyrac est une commune en face d'Agen, sur la rive gauche de la Garonne, qui produit des bas vins de côtes. Ces vins en général sont mous et ont peu de couleur; ils ont plus ou moins le goût

[1] A environ seize lieues au-dessus de Bordeaux.

de terroir ; quelques-uns , cependant , ont un goût plus pur.

Marmande, sur la rive droite de la Garonne, haut pays, produit des très-gros vins, d'une couleur très-foncée, qui ont le goût de terroir, et sont très-mous ; leur goût leur vient aussi d'une espèce de préparation faite avec des raisins bouillis, que l'on presse et que l'on verse dans le vin pour exalter sa couleur ; le bouquet que cela communique au vin est appelé : « Le goût du pays. » On ne peut garder long - temps ces vins.

Clérac, sur la rive gauche du Lot, produit des vins presque semblables à ceux de Marmande ; ils sont communs, mous, mais moins fortement colorés ; ils ont une saveur un peu plus fine, et reçoivent la même préparation que ceux de Marmande. Ils ne se gardent pas.

7.

Gaillac, sur la rive gauche de la Torne, produit des vins qui ont de la couleur, du corps et de la fermeté, mais d'un bouquet très-médiocre; on les consomme principalement à Paris, où ils sont coupés avec du vin blanc; ils ont moins le goût de terroir, et sont de plus longue garde que les précédens.

En Bretagne, on est très-amateur de ces cinq sortes de vins, parce qu'on peut les mélanger plus ou moins avec des vins blancs, qui leur donnent du corps; en outre, ils tiennent bien chez le cabaretier, qui peut achever, sans inconvénient, la vente d'une pièce mise en perce, laquelle se maintient de cette manière de huit à douze jours sans souffrance, pourvu qu'on ait eu soin d'y faire brûler une mèche soufrée, comme il a été dit dans l'introduction.

VINS BLANCS.

FRONSAC, CUBZAC, BLAYE ET BOURG.

Ces communes produisent des vins blancs de basse qualité; ils sont sans corps ni agrément, mais ils sont clairs et d'un goût pur; ils sont demandés pour le Nord. La plus grande consommation de ces vins se fait à Brême, Hambourg, Stettin et Dantzic, où l'on en convertit une grande quantité en esprit de $\frac{3}{6}$, ainsi qu'en vinaigre.

VINS DE L'ENTRE-DEUX-MERS.

Ces vins sont récoltés entre la Garonne et la Dordogne, à partir de Carbon-Blanc jusque de l'autre côté de Bénaug et de Sauveterre, à droite et à gauche, à l'exception des côtes qui s'élèvent le long de la Garonne. Ces vins sont de deux qualités, que l'on distingue sous les noms de *petits* et *bons* Entre-deux-Mers. Les premiers ressemblent à ceux de Françadais, quoiqu'ils leur soient un peu supérieurs; les seconds ont de la force étant nouveaux; et, quand ils sont vieux, ils sont brillans, avec beaucoup d'agrément; ils sont très-bons avec les huîtres, et on les estime beaucoup à Paris à cause de leur goût pur et vif. Ils sont fort en usage dans le Nord, en Prusse et dans les villes anséatiques, où les meilleurs sont exportés; ils tiennent on ne peut mieux à la mer. A l'âge de trois ou quatre ans on peut les mettre en bouteilles.

PETITES CÔTES.

Ces vins comprennent tous ceux récoltés sur les petites côtes qui bordent
la rivière, depuis Basseins jusqu'à Baurèche. Ils ont plus de corps que ceux
d'Entre-deux-Mers, et sont plus secs au
goût; ils ressemblent aux petits Graves.
Quelques-uns rougissent un peu en vieillissant. On peut les mettre en bouteilles
au bout de trois ou quatre ans. C'est
principalement dans le Nord qu'on en
fait usage; on en envoie aussi un peu à
Saint-Domingue et dans les îles françaises,
ainsi qu'aux états d'Amérique.

CÔTES SUPÉRIEURES.

Ces vins sont connus sous les noms de

Baurèche, Tabanac, Letourne, Langoiran, partie de Listrac, Paillet et Rions; ce sont des vins très-agréables, avec beaucoup de fermeté et de force quand ils ont bien réussi; ils ont de la maturité, même étant nouveaux, et leur qualité augmente beaucoup avec l'âge; après cinq ou six ans de bouteille, ils ont acquis une riche saveur. Ces vins conviennent parfaitement pour le Nord; ils ont au surplus l'inconvénient de prendre en vieillissant une teinte jaune, due au cépage appelé Sauvignon, qui croît sur les collines qui les produisent. La Prusse et la Russie font une grande consommation de ces vins.

***

BEGUEZ ET CADILLAC.

Ces vins de côtes remplacent ceux de

Langoiran; ils sont sucrés étant nouveaux, mais ont moins de force et de
fermeté. Le Sauvignon prédomine là
tout comme à Langoiran. On exporte
ces vins pour les mêmes marchés que les
derniers dont il vient d'être parlé; mais
ils sont moins estimés quand ils sont
vieux.

CASTRES, PORTETS ET MARTILLAC.

Trois petites communes dont les vins
blancs sont très-bons, et remplacent avec
supériorité ceux de Langoiran, parce
qu'ils ont plus de finesse. Leur qualité
consiste dans la force et l'agrément; en
les mettant en bouteilles après quatre
ans, ils acquièrent beaucoup de richesse
et de force. Les premiers crus sont, Ba-
zannac, Silhouette, Saint-Guiron, Saint
Eugène, de Chabanac, etc.

CÉRONS ET PODENSAC.

Ce sont des vins blancs dont on fait grand cas comme seconde classe de grands vins, particulièrement ceux de Cérons; ils se distinguent par une jolie séve et une riche saveur, qui contribue beaucoup à leur agrément; ils ont de la fermeté et beaucoup de moelleux, avec un peu de la couleur du laurier. C'est à l'âge de cinq ou six ans qu'ils ont acquis toute leur bonté, et il est alors nécessaire de les mettre en bouteilles, où ils se gardent pendant quelques années; ceux de Podensac en vieillissant deviennent un peu secs. Ces vins conviennent pour presque tous les pays, et on les recherche à cause de leur bouquet agréable. Les premiers crus dans Cérons sont, le Calvimont, Cousart, Olivier et Lonstal, tous du même prix ; les autres sont crus de paysans, et leur prix est de 25 à 3o fr. au-dessous de ceux mentionnés ci-dessus. Les premiers crus de Podensac sont, Ferbos, Thonneins, Yon, Roussamier et Lafon. Les autres crus et les vins de paysans sont de 20 à 4o francs par tonneau au-dessous de ceux-là.

VIRELADE.

Ses vins sont classés avec la seconde qualité des vins de Podensac ; ils ont un peu moins de fermeté et de bouquet, avec un corps convenable ; mais en vieillissant ils deviennent plus secs ; au bout de cinq ou six ans ils sont prêts à être mis en bouteilles. Les premiers crus sont, Dufort et Lynch, et les autres valent 3o francs de moins par tonneau.

ILLATS ET LANDIRAS.

Deux communes situées sur les derrières de Barsac, Bomme et Sauterne, dans les cantons sableux ; les vins qu'on y récolte peuvent être justement considérés comme « petits Graves » ; mais en général ils sont ordinaires ; ils ont peu de corps, et on peut les comparer à nos bons vins de côtes de seconde classe, tels que Tabanac et Baurèche ; ils deviennent secs et rougissent un peu en vieillissant ; on doit les employer avant qu'ils n'aient atteint quatre ou cinq ans. Les Landiras sont plus communs que les Illats, ce qu'il faut attribuer à la nature des sables, qui sont plus compacts.

VINS BLANCS DE GRAVES.

On considère comme vins de Graves, ceux récoltés à Carbonnieux, Villenave, Saint-Brix, Blanquefort, Talence, Eyzine et le Taillan. Les plus connus sont les premiers crus, sous les noms de Carbonnieux, Saint-Brix et Pontac Dulamont. Ceux de Blanquefort valent mieux pour le Nord, parce qu'ils unissent à beaucoup d'agrément quelque fermeté et de la vinosité. Madame veuve Hesse, ainsi que Marilhac et le médecin Conilh, possèdent des vignes dans le voisinage de Carbonnieux; elles sont d'une très-bonne qualité, et forment les second et troisième crus. Le reste est à Talence, Rabat, etc. Les autres vins de Graves, sont plus ordinaires; néanmoins ils se recommandent par la légèreté et l'agrément; ils ont le goût de pierre à fusil quand ils sont vieux ; au bout de quatre ans on peut les mettre en bouteilles. Ils ont l'inconvénient de ne pouvoir rester pendant quelques heures dans une bouteille débouchée, sans que le vin se ternisse et devienne noirâtre.

—————

LANGON ET SAINT-PEY DE LANGON.

Ces vins, bien connus, ont perdu leur première réputation ; leur qualité consiste dans beaucoup de fermeté et d'agrément ; ils ont de la finesse, la couleur de laurier ; mais en vieillissant ils deviennent secs et durs, même dans la bouteille ; ils doivent être bus à l'âge de quatre ou cinq ans. C'est Saint-Pey qui fournit les sortes supérieures. Ces vins ne se gardent que difficilement. A Saint-Pey de

Langon, nous trouvons les premiers crus, nommés Sauvage, Barret, Camiran et Lafond ; ils se vendent de 10 à 15 francs au-dessus des autres.

———

LOUPIAC ET SAINTE-CROIX-DU-MONT.

Ce sont les premiers vins de côtes du département ; ils sont même classés parmi les grands vins blancs (et surtout ceux de Sainte-Croix-du-Mont), parce que ces vins gagnent beaucoup en vieillissant ; leur qualité consiste à avoir de la maturité, même étant nouveaux, et du corps et de la finesse quand ils sont vieux ; ils ont aussi la couleur de laurier ; on peut les mettre en bouteilles au bout de quatre ou cinq ans. Le Nord et la Hollande les emploient. Les crus supérieurs dans Loupiac sont, Duluc, Montague,

Dautin le jeune, Lachassaigne, Magnole Saluce; ces crus se vendent de 15 à 25 fr. par tonneau de plus que les autres. Les meilleurs crus à Sainte-Croix-du-Mont sont, Rolland, David Duperieux, Mazé père, Despans, Despaux (jadis Despans de Lancre), actuellement la propriété du major Turmann, Pujols, Laroque; ils se vendent de 20 à 30 francs au-dessus des autres crus. Les vins de Loupiac se vendent en général de 10 à 15 francs de moins que ceux de Sainte-Croix-du-Mont.

HAUT ET BAS PREIGNAC.

Grande commune, dont les vins sont divisés en trois classes; la première suit les prix des grands vins blancs; la seconde est composée d'un vin encore très-estimé, mais qui a moins de finesse et de moelleux ; la troisième qualité est commune, et n'excède, ni pour la qualité ni pour le prix, les bons vins de côtes ; ses vins sont même un peu secs. La qualité des vins du haut Preignac consiste dans l'agrément, quelque fermeté et une sève particulièrement fine. Ces vins, quand ils sont vieux, ont du feu, et un goût, ou plutôt un arrière-goût d'amande fine. La Prusse et la Russie en consomment une grande quantité. Le Danemarck et la Suède en sont particulièrement amateurs. Les hauts crus dans Preignac sont, Duroy et Sauduiraut ; viennent ensuite Cas telnau, Andrieux, Mareilhac, Lamontagne, Montalieu de Saluces, Pieck, et plusieurs autres, comme seconds crûs. Ceux-ci diffèrent des premiers de 40 à 60 franc par tonneau ; les seconds, au-dessus des communs, diffèrent de 3o à 4o francs par tonneau.

BARSAC.

Ses vins se distinguent par leur corps et leur séve dans les bonnes années; ils sont en général vifs et brillans, et ils unissent à ces bonnes qualités beaucoup de moelleux. La Russie et tout le Nord en consomment, l'Angleterre aussi. Les premiers crus du haut Barsac sont, Coutet, madame de Filhot; viennent ensuite Bineau ou Roborel, Perrot, Dumirail, veuve Dubos, Dubos Mercier et Saluces de Laborde. Tous ces vins diffèrent entre eux en prix de 15 à 20 francs. Les qualités qui leur sont inférieures sont en grand nombre, et leur sont aussi inférieures en prix de 5o et même

100 francs. Ces vins peuvent être mis en bouteilles au bout de quatre ou cinq ans, et ils s'y améliorent; mais quand ils ont passé dix ou douze ans ils deviennent secs et durs.

———

BOMMES ET HAUT ET BAS SAUTERNE.

Les vins de ces deux communes n'ont pas tout-à-fait autant de corps que ceux de Barsac; mais ils ont une grande finesse et du moelleux, en sorte qu'ils sont bons à mettre en bouteilles à l'âge de quatre ou cinq ans. S'ils passent dix ans, ils deviennent secs; ils conservent toujours l'arrière-goût d'amande. Ils ont les mêmes marchés que ceux de Preignac. Ces vins sont en grande réputation, sous le nom de Sauterne, à Paris et dans l'intérieur de la France, où on les demande beaucoup. Le premier cru de haut Bommes, en Casaux; Dufourg, Lafaurie ou Pichard, et Lalande, sont les seconds crus; la différence de ces crus au-dessus des communs est de 40 à 80 francs. Les premiers crus du haut Sauterne sont, Yquem, Saluces, Filhot, Ligous, Guireau et Picherie; ils diffèrent des autres crus inférieurs de 50 à 60 francs par tonneau.

VINS DOUX.

BERGERAC.

Ce sont des vins doux, dont les premières qualités sont fort estimées en Hollande; ils unissent à la douceur beaucoup de force et d'agrément. La Bretagne, la Normandie et la Flandre française con-

somment une grande quantité des seconde et troisième qualités ; ceux-ci sont
doux, mais sans corps, et dénués d'agrément. Il faut boire ces vins à l'âge de six
mois, car après sept mois ils perdent leur
douceur, deviennent secs, et contractent une saveur ferrugineuse qui n'est
pas agréable. Les premières *marques*,
qui sont des vins plus grossiers, et qui
ont plus de force, conservent leur saveur
sucrée pendant un an, mais deviennent
à la fin semblables aux autres. Les premiers crus sont, Mont-Bazillac et Les-
pinassat. Quand les premiers crus se
vendent 400 francs, les secondes marques
ou qualités sont de 320 à 330 francs ; et
les troisièmes qualités de 260 à 285
francs.

SAINT-FOY, CASTILLON ET MONRAVEL.

Vins doux qui, pour la qualité, viennent avec ceux de Bergerac ; mais sont moins agréables, parce qu'ils ont moins de force et de douceur. Ils ne se maintiennent doux qu'avec beaucoup de difficulté, et selon la bonté de la vendange ; ils ne durent tels que quatre ou cinq mois. Le transport par mer les fait travailler ou fermenter à un tel point, qu'encore bien qu'on les embarque à Bordeaux immédiatement après la vendange, et absolument doux, ils ont perdu une grande partie de cette douceur avant d'arriver à Dunkerque. Tous ces vins ont plus ou moins un arrière-goût ferrugineux, qui devient plus sensible aussitôt qu'ils ont perdu leur douceur, qui, au bout de six ou sept mois, disparaît entièrement. Les meilleurs sont ceux de Saint-Foix, qui ont plus de force; viennent ensuite ceux de Monravel, et après ceux de Castillon, qui sont les moindres. Tous sont employés de la même manière que ceux de Bergerac. On les consomme sur la côte de France, en Picardie, en Artois et en Bretagne.

CLAIRAC ET BUZET.

Vins très-doux qui n'ont ni la force ni la finesse de ceux de Bergerac; ils conservent assez long-temps leur douceur; ils sont moelleux, mais petits. Dans les bonnes années, ils conservent leur douceur près d'un an; on les consomme en Bretagne.

LUNEL ET FRONTIGNAN.

Ces vins portent le nom de vins de liqueur. Ils conservent leur saveur riche, sucrée, jusque dans un âge avancé, même en bouteilles; ils sont réputés pour leur bouquet, leur vivacité et leur agréable saveur de muscat. Les vins de Lunel sont très-pâles, et restent tels en vieillissant; ceux de Frontignan, avec l'âge, prennent une couleur d'or. On ne s'en sert qu'au dessert, en place de Malvoisie de Madère, ou d'autres vins semblables. Le procédé particulier de fabrication de ces vins a été décrit dans l'introduction, en parlant de la façon des vins blancs.

APPENDICE A.

CLASSIFICATION GÉNÉRALE DES VINS ROUGES DE FRANCE.

(Extrait de la Topographie de tous les Vignobles connus ; par M. A Jullien.)

PREMIÈRE CLASSE DES VINS ROUGES.

Les vins qui composent cette classe se récoltent dans un petit nombre de crus privilégiés, et dont la plupart ont une trop faible étendue pour que leurs produits puissent suffire aux demandes des amateurs ; c'est pourquoi le prix en est toujours très-élevé, surtout lorsqu'ils proviennent d'une année dont la température a été favorable à la vigne. Trois pro-

\...inces se partagent ces vignobles célèbres : la *Bourgogne*, le *Bordelais* et le *Dauphiné*. Les vins qu'ils produisent réunissent dans de justes proportions toutes les qualités qui constituent les vins parfaits de leur espèce, et diffèrent entre eux par un caractère qui leur est particulier.

Les vins de Bourgogne se distinguent par la suavité de leur goût, leur finesse et leur arome spiritueux; ceux du Bordelais, par un bouquet très-prononcé, beaucoup de séve, de la force sans être fumeux, et une légère âpreté qui les caractérise; les vins du Dauphiné ont quelque chose de la nature de ceux du Bordelais, beaucoup de corps et une partie du moelleux des vins de Bourgogne; ils sont aussi très-spiritueux.

Les premiers crus de la Bourgogne sont, la *Romancée-Conti*, le *Chamberlin*, le *Richebourg*, le clos *Vougeot*, la *Romancée-de-Saint-Vivant*, la *Tâche* et le clos *Saint-Georges*, département de la Côte-d'Or. On cite après eux comme fournissant des vins supérieurs à ceux de la seconde classe, le clos de *Prémeau*, le *Musigny*, le clos du *Tart*, les *Bonnes-Marres*, le clos à la *Roche*, les *Verrailles*, le clos *Majot*, les clos *Saint-Jean* et la *Perrière*, même département.

Les meilleurs crus du Bordelais proviennent des clos dits de *Lafitte*, de *Latour*, du *Château-Margaux* et du *Haut-Brion* département de la Gironde.

Les crus nommés *Méal*, **Greffier**, *Bessac*, *Beaume* et *Raucoulé*, sur le territoire de l'Ermitage, département de la Drôme, sont les plus estimés de tous ceux du Dauphiné.

———

Remarques sur les vins mentionnés ci-dessus.

Les vins des crus que je viens de nommer se partagent les suffrages des amateurs ; ceux du Bordelais sont plus recherchés en Angleterre et dans tous les pays où l'on ne peut transporter les vins de France que par mer ; ceux de Bourgogne sont préférés en France et dans une partie de l'Allemagne ; les vins de l'Ermitage plaisent à tous les connaisseurs, mais on n'en récolte pas une assez grande quantité pour qu'ils puissent être généralement connus.

———

DEUXIÈME CLASSE DES VINS ROUGES.

La plupart de de ces vins diffèrent

peu de ceux de la première classe, et les remplacent ordinairement dans le commerce. On les récolte sur le territoire de huit provinces. J'ai indiqué plus haut le caractère et les qualités des vins de Bourgogne, du Bordelais et du Dauphiné; ceux de la Champagne ont beaucoup de délicatesse, de soyeux et de finesse; ils portent assez promptement à la tête, mais leur fumée se dissipe presque aussitôt, et ils sont en général très-salubres; les vins du Lyonnais diffèrent de ceux du Dauphiné par un peu moins de corps, plus de légèreté et de vivacité; ceux du comtat d'Avignon ont beaucoup de feu, de finesse, d'agrément; ceux du Béarn sont corsés, spiritueux et moelleux [1]. Les vins du Rous-

---

[1] Les vins du Béarn (le Jurançon, etc.), sont en général mal faits, et ont une saveur rude

sillon ont plus de couleur, de force et de spiritueux, mais moins de finesse et de bouquet. Voici les crus qui produisent ces différens vins :

En Champagne : *Verry*, *Verzenay*, *Mailly*, *Saint-Basle*, *Bouzy* et le clos de *Saint-Thierry*, département de la Marne;

En Bourgogne : le cru dit *Corton*; à Alox, plusieurs de ceux de *Vosne*, *Nuits*, *Volnay*, *Pomard*, *Beaune*, *Chambolle*, *Morey*, *Savigny* et *Meursault*, département de la Côte-d'Or; les côtes des *Oli-votes*, de *Pitoy*, de *Perrière* et des

et aigre; ils affectent l'estomac et font mal à la tête, pris même en petite quantité. Quelques crus auxquels on a consacré dans ces derniers temps des soins et de l'habileté, ont cependant fait voir qu'ils pouvaient devenir excellens, particulièrement celui de M. Perpigna.

Préaux, à Tonnerre ; les clos de la *Chaî-nette* et de *Migrenne*, à Auxerre, département de l'Yonne ; et, enfin, le *Moulin-à-Vent*, les *Torrins* et *Chenas*, dans le Beaujolais et le Mâconnais, département de Saône-et-Loire ;

Dans le Dauphiné : les vins de *Tain* et de l'*Étoile*, département de la Drôme ;

Dans le Lyonnais : la *Côte-Rôtie*, département du Rhône ;

Dans le Bordelais : les clos *Rozan*, *Gorse*, *Léoville*, la *Rose*, *Mouton*, *Pichon-Longueville* et *Calon*, département de la Gironde ;

Le comtat d'Avignon n'a que le *Coteau-Brûlé* à présent erdans cette classe ;

Le Béarn : les vins de *Jurançon* et de *Gan*, département des Basses-Pyrénées ;

Le Roussillon [1] : *Collioure*, *Bagnols*

---

[1] Les vins de Roussillon ont dans ces der-

et *Cosperon*, département des Pyrénées-Orientales.

niers temps attiré l'attention de quelques-uns des marchands de vins de Bordeaux. D'après un examen convenable, on a trouvé parmi eux plusieurs crus qui ont beaucoup de corps, de couleur et de fermeté ; ils ressemblent beaucoup aux échantillons les plus purs de vin de Porto ; mais ces vins, étant encore nouveaux, se distinguent par un certain degré de douceur qui rappelle le fruit, et par une odeur de houblon.

APPENDICE B.

—

(*Extrait d'une notice sur les vins de Bordeaux, qui y a été publiée en 1824.*)

Il y a entre un neuvième et un dixième du département planté en vignes. Les rapports sur lesquels on peut le plus compter établissent que le produit en vins, dans les années ordinaires, est de 200,000 tonneaux, déduction faite de la perte, etc. Les frais de culture sont d'environ 45 à 46 millions de francs, ce qui revient à 110 francs par *journal* de terre de 32 ares. Le *journal* de Bordeaux produit environ 561 litres de vin.

Les vignobles de ce département qui produisent les premiers crus, sont situés sur la frontière des Landes (les cantons graveleux), et en faisaient autrefois partie. D'autres vins se récoltent sur les terrains hauts de l'Entre-deux-Mers, et sur les plateaux d'alluvion qui bordent la Garonne et la Dordogne.

Le Médoc donne les premiers crus dans sa partie haute (ou méridionale). Ces vins offrent à un degré éminent la réunion des meilleures qualités qui se trouvent dans ceux des autres pays, savoir, la couleur, le parfum ou bouquet, la saveur et la salubrité; aussi le vrai connaisseur les estime-t-il beaucoup. Ce sont les crus de Château-Margaux, Latour et Lafitte ; ils sont tous trois égaux en réputation et en valeur commerciale.

Il y a un grand nombre d'autres crus excellens que l'on range en première, deuxième, troisième et quatrième classes; chacune de ces classes a ses crus les plus distingués dans les communes de Pauillac, Margaux, Saint-Julien, Cantenac, etc.

Après ces classes viennent les vins de paysans, dont quelques-uns pourraient être compris dans les troisième et quatrième classes; mais on les demande toujours moins, parce qu'il est impossible de compter sur les soins donnés par les paysans à la vendange, ni sur une préparation convenable des cuves qui servent à faire leur vin; leurs vignes sont aussi plus mal cultivées que celles des plus grands propriétaires.

Les autres cantons, dans les environs de Bordeaux, qui produisent le plus de vin sont, les Graves, les Palus (plateaux d'alluvion) et l'Entre-deux-Mers (la Péninsule comprise entre la Garonne et la Dordogne.)

Le cru (en vin rouge) le plus estimé

parmi ceux des Graves, est Château-Haut-brion, qui est presque égal à Château-Margaux, à Latour ou à Lafitte ; viennent ensuite Haut et Bas-Brion, Pessac, etc.

Les vins des palus ou plateaux sur le bord de la rivière sont en général fort inférieurs, à l'exception de ceux de Queyries et Montferrand, qui sont excellens. La principale qualité des vins des palus est de s'améliorer par le transport par mer, ce qui les rend propres aux colonies.

Les premiers crus du Médoc exigent d'être gardés trois ou quatre ans avant d'être embarqués ; ceux des Graves cinq ou six ans. Les premiers commencent à perdre leur couleur, c'est-à-dire à *tuiler* au bout de neuf ou dix ans, mais les seconds peuvent, avec avantage, être gardés jusqu'à un âge fort avancé.

Parmi les vins blancs, les crus les

plus distingués sont situés dans les communes de Santerne, Preignac, Barsac et Bommes.

Carbonnieux, Saint-Bris et Dariste (Dulamon) se distinguent beaucoup parmi les vins blancs de Graves, et se vendent à hauts prix. Viennent ensuite les vins de Cérnos, Podensac, etc.

La plupart des vins premiers crus de Médoc, et beaucoup d'autres, mais non pas tous, peuvent être exportés par mer, avec amélioration de leur qualité; quelques-uns cependant ne peuvent être exportés qu'en bouteilles, ou, si on les exporte dans le bois, il faut les fortifier par un mélange des vins de Queyries ou de Montferrand.

TABLEAU DES NOMS,

DES QUANTITÉS MOYENNES ET DES PRIX DES VINS DE BORDEAUX.

MÉDOC.

Premiers crus de 2,300 fr. jusqu'à 2,400 fr. le tonneau.

Nombre de tonneaux produits.

Château-Margaux	à Margaux,	100	à	120
Château-Lafitte	à Pauillac,	100	à	100
Château-Latour	à St-Lambert,	70	à	90

270 à 310

Note. En 1825, ces crus ont été vendus 3,500 francs le tonneau, et, en 1826, moins de moitié de ce prix.

Seconds crus de 2,000 fr. jusqu'à 2,100 fr. par tonneau.

Nombre de tonneaux produits.

Brane-Mouton,	à Pauillac.	120	à	140
Rauzan,	à Margaux.	75	à	95
Léoville.	à St.-Julien.	145	à	180
Gruau ou Larose,	*Id.*	120	à	150
		460	à	565

Troisièmes crus de 1,500 fr. à 1,800 fr. par tonneau.

Nombre de tonneaux produits.

Gorse,	à Cantenac.	40	à	50
Pichon-Longueville,	à St.-Lambert.	100	à	120
Cas-Destournel,	à St.-Estèphe.	60	à	70
Lascombes,	à Margaux.	25	à	35
Ducru,	à St.-Julien.	35	à	45

Branes-Arbouet ou Cabarrus. }	à St.-Julien.	100 à 120
Pontet-Langlois,	*Id.*	100 à 120
		460 à 560

Quatrièmes crus de 1,200 fr. à 1,400 fr par tonneau.

Nombre de tonneaux produits.

Kirwan ,	à Cantenac.	60 à 70
Château de Candale,	*Id.*	20 à 25
Giscours,	à Labarde.	40 à 60
St.-Pierre,	à St.-Julien.	50 à 70
Duluc ,	*Id.*	80 à 90
Durefort,	à Margaux.	18 à 24
Malescot,	*Id.*	10 à 15
Loyac,	*Id.*	10 à 15
Mandavit,	à Pauillac.	60 à 90
Canet,	*Id.*	150 à 200
Dinac,	*Id.*	70 à 80
La Colonie,	à Margaux.	25 à 35
Ferrière,	*Id.*	10 à

Tronquay,	à St.-Estèphe.	80 à 100
Ducasse,	à Pauillac.	80 à 90
Poujet,	à Cantenac.	20 à 25
Déterme,	*Id.*	18 à 20
Boyd,	*Id.*	40 à 50

841   1074

Le produit moyen annuel du Médoc peut être estimé comme il suit :

Haut Médoc,	21,100 à 24,700	tonneaux.
Arrière Médoc,	5,900 à 7,850	
Bas Médoc,	4,810 à 5,960	

31,810 à 38,510

On peut ajouter ici le vin de Haut-Brion (100 à 120 tonneaux), car il est semblable et égal en qualité aux meilleurs crus de Médoc.

Les vins du canton de Bourg, dans cet arrondissement, connus sous le nom de *Bourgeais*, sont en général forts et d'une bonne couleur, s'améliorent par l'âge et acquièrent une saveur agréable d'amande ; ils ressemblent plus aux vins de Bourgogne que nuls autres de ce département. On les divise en quatre classes qui varient dans leurs prix depuis 180 jusqu'à 300 francs par tonneau : les crus les plus distingués sont, Gagnerot à Samonac, Marseau à Bayon, Boucaud à Bourg, et Beychade à Bayon.

***

ARRONDISSEMENT DE LIBOURNE.

Les vins de Saint-Émilion sont les plus

renommés; ils ont une bonne couleur et sont agréables. Les premiers crus ont un *bouquet* particulier.

Le canton de Fronsac produit beaucoup de vins. Les coteaux de Fronsac et de Canon donnent les meilleurs; ils sont bien colorés, fermes et capiteux; ils sont de longue garde, et ne sont pas sujets à se décomposer et se gâter.

Les vins blancs du revers des côteaux de Sainte-Foy sont très-estimés.

L'Entre-deux-Mers produit plus de vins blancs que de rouges : les rouges s'améliorent par l'âge.

___

ARRONDISSEMENT DE LA RÉOLE.

L'un des plus fertiles du département de la Gironde, ne produit que des vins d'une qualité inférieure. Les crus de propriétaires bourgeois ne sont que peu supérieurs à ceux des paysans, les uns et les autres visant plus à la quantité qu'à la qualité. Les vins ont en général un goût de terroir, et peu de spirituosité, malgré leur haute couleur.

ARRONDISSEMENT DE BAZAS.

Les vins rouges sont en petite quantité, et n'ont pas de réputation ; mais les vins blancs de Sauterne et de Bommes sont d'une qualité supérieure. Les meilleurs chés à Bommes appartiennent à MM. Deyme, Lafaurie, Dert, Focke, Lacoste et Émérigon. Dans la commune de Sauterne, ce sont ceux de MM. Saluces d'Eyquem, Guiraud, Baptiste, et de Saluces Filhot.

ARRONDISSEMENT DE BORDEAUX.

Les vins produits par cette partie étendue du département se distinguent en vins des terrains élevés, ou vins de côtes, vins des plateaux bas (vins de palus) et vins des sols graveleux , ou vins de Graves.

Les vins de côtes rouges sont généralement *ordinaires* ; ils sont forts et d'une bonne couleur, mais durs ; ils gagnent à être gardés; par exception , il y en a de bonne qualité et de bonne sève. Les meilleurs vins (de côtes) se récoltent à Sainte-Croix-du-Mont : ils sont très-doux et ressemblent au vin des Canaries; ceux de Loupiac et Montprin-blanc sont aussi excellens.

Les vins rouges de palus sont produits par les plateaux qui bordent la Garonne et la Dordogne; ils ont une bonne couleur, point de goût de terroir, mais pendant long-temps ils restent un peu mous. Ils s'améliorent considérablement par l'âge et par le transport par mer. En six ou huit ans ils acquièrent un *bouquet* et une saveur agréables, et on peut les conserver long-temps en bouteilles. Les crus principaux sont les Queyries et Montferrand ; ceux-là ont beaucoup de corps, et, quand ils sont en maturité, une odeur agréable de framboise. Ces vins et ceux de l'Entre-deux-Mers sont particulièrement propres à l'exportation.

Les vins de Graves rouges se récoltent dans un espace graveleux qui s'étend à trois lieues au sud et à deux lieues à l'ouest de Bordeaux : ils ont plus de couleur et de corps que les vins de Médoc, mais moins de sève. Comme les vins de palus, ils demandent à être gardés six ou huit ans dans le bois ; et ensuite, si on les met en bouteilles, ils conservent leurs excellentes qualités pendant vingt ans. Marignac, Léognan, Villenave-d'Ornon, le Haut-Talence et Pessac, produisent environ 4000 tonneaux de de vin ; le Haut-Brion, si renommé, est dans cette dernière commune.

VINS BLANCS DE CET ARRONDISSEMENT.

Canton de Labrede. — Communes de Léognan, Martillac, Saint-Médard d'Eyrans et Cadaujac : quand l'année est bonne, elles produisent des vins de grande qualité.

Canton de Podensac. — Les vins sont bons, moelleux, et ont de la vivacité. Les meilleurs crus dans Cérons sont ceux de Calvimont, Couzardolivier et Douloustal; ceux d'Arbanats et de Portets à Virelade, ressemblent à ceux de Cérons. Les vins de Barsac et Preignac sont remarquables pour la force et la sève. Les meilleurs crus de Barsac sont ceux de MM. de Saluces-Coulet, Binaud, Faux, Dacne, Carles, Caves jeune, Duboscq, Focke et Perrot. A Preignac les premiers crus sont, Guillot - Duroy, Andrieu et Marcilhac.

Canton de Pessac. — Le cru de Saint-Bris est fort estimé.

Le canton de Blanquefort ressemble au dernier.

ARRONDISSEMENT DE LESPARRE.

On a déjà parlé de quelques-uns des principaux vignobles de cet arrondissement, sous le titre de Médoc.

APPENDICE C.

*Tableau des quantités de vin expor-
tées en trois ans de Bordeaux sur
différens marchés du nord de l'Europe.*

DÉSIGNATION DES LIEUX.	1821.	1822.	1823.
Pour la Hollande.	7,258	14,326	11,441
— Hambourg.	7,534	5,461	7,913
— Brême et Lubeck.	3,929	5,405	9,465
— La Prusse.	4,752	3,364	2,742
— La Russie.	4,797	3,266	1,892
— La Suède.	245	655	719
— Le Hanovre.	680	1,051	1,348
— Le Danemarck.	879	976	1,776
TOTAUX. . .	30,074	34,504	37,296

Vin exporté de Bordeaux dans la Grande-Bretagne, en 1823.

	Tonneaux.	Paniers.
Pour l'Angleterre.	799	897
— l'Irlande.	109	257
— l'Écosse.	59	316

Note. Il paraît, d'après l'état ci-dessus, qu'à cause du taux élevé des droits d'entrée, l'Angleterre, la plus riche contrée de l'Europe, consomme moins de vins français, même que la plus pauvre nation, si nous en exceptons la Suède. Hambourg, à lui seul, importe plus de huit fois autant de vin que les îles britanniques.

Relevé de la quantité de vin français importée en Angleterre et en Écosse, pendant les années qui suivent :

	ANGLETERRE.		ÉCOSSE.		
	Tonneaux.	Galons.	Tonneaux.	Barriques.	Galons.
1821.	983	41	73	3	38
1822.	1,116	43	76	3	29
1823.	1,373	79	107	»	61
1824.	1,156	53	55	»	7
1825[1].	4,128	83	566	3	38
1826.	1,908	85	107	1	8
1827.	»	»	39	1	34

[1] Réduction du droit d'entrée.

———

APPENDICE D.

TABLEAU des prix auxquels ont été vendus, ou son[t] supposés avoir été vendus, les vins des années ci-des[sous] notées, classés suivant leur rang, leur qualité [et] leur prix.

DÉSIGNATION DES CRUS ET DES SORTES DE VINS.	1817. Année très-mauvaise.		1818. Vin sec et dur mais de longue garde	
	fr.	fr	fr.	fr.
St.-Macaire et Blaye.	400 à	500	240 à	26
Côtes et Bourg.	510 à	550	300 à	40
Palus.	500 à	550	330 à	35
Montferrand.	600 à	620	380 à	40
Queyries.	650 à	700	450 à	50
St.-Émilion et Canon.	600 à	650	350 à	45
Petit Médoc, vin de paysan.	550 à	600	450 à	48
Médoc ordin., vin bourgeois.	630 à	650	500 à	65
Id. bon bourgeois.	700 à	1,000	750 à	90
Médoc, 5e. et 4e. crus.	1,200 à	1,500	1,000 à	1,50
Id. 3e. cru.			1,800 à	2,10
Id. 2e. cru.			2,500 à	2,65
Id. 1er. cru.			3,200 à	3,35

SUITE DU TABLEAU DE L'APPENDICE D.

DÉSIGNATION DES CRUS ET DES SORTES DE VINS.	1819. Vin délicat et agréable, mais qui n'est pas de garde.		1820. Vin sec et léger	
	fr.	fr.	fr.	fr.
St.-Macaire et Blaye.	150 à	180	300 à	310
Côtes et Bourg.	200 à	270	310 à	320
Palus.	220 à	250	350 à	400
Montferrand.	300 à	325	380 à	400
Queyries.	350 à	400	450 à	520
St.-Émilion et Canon.	380 à	500	380 à	450
Petit Médoc, vin de paysan.	280 à	320	350 à	400
Médoc, ordin., vin bourgeois.	350 à	400	500 à	850
Id. bon bourgeois.	450 à	580	900 à	1,000
Médoc, 5e. et 4e. crus	600 à	800	1,000 à	1,400
Id. 3e. cru.	1,000 à	1,300	1,500 à	1,600
Id. 2e. cru.	1,400 à	1,800	2,100 à	2,200
Id. 1er. cru.	2,300 à	2.600		

SUITE DU TABLEAU DE L'APPENDICE D.

DÉSIGNATION DES CRUS ET DES SORTES DE VIN.	1821. Vin de moyenne qualité et se gâtant facilement.		1822. Année de bonne et forte qualité. Vin durable.	
	fr.	fr.	fr.	fr.
St.-Macaire et Blaye.	210 à	230	160 à	200
Côtes et Bourg.	230 à	270	220 à	320
Palus.	250 à	300	200 à	300
Montferrand.	320 à	330	300 à	·400
Queyries.	350 à	380	420 à	500
St.-Émilion et Canon.	380 à	450	400 à	500
Petit Médoc, vin de paysan.	270 à	380	300 à	350
Médoc ordin., vin bourgeois.	400 à	450	380 à	450
Id. bon bourgeois.	500 à	550	500 à	660
Médoc, 5e. et 4e. crus.	600 à	750	800 à	1,200
Id. 3e. cru.	800 à	850	1,300 à	1,500
Id. 2e. cru.			2,000 à	2,100
Id. 1er. cru.			2,500 à	3,200

SUITE DU TABLEAU DE L'APPENDICE D.

DÉSIGNATION DES CRUS ET DES SORTES DE VIN.	1823. Vin léger et délicat, mais de peu de garde		1824. Vin de qualité inférieure ; vert et léger.	
	fr.	fr.	fr.	fr.
St.-Macaire et Blaye.	140 à	160	120 à	140
Côtes et Bourg.	150 à	200	140 à	160
Palus.	180 à	200	160 à	170
Montferrand.	200 à	225	175 à	200
Queyries.	260 à	280	200 à	230
St.-Emilion et Canon.	200 à	320	170 à	230
Petit Médoc, vin de paysan.	200 à	250	160 à	220
Médoc ordin., vin bourgeois.	270 à	320	220 à	300
Id. bon bourgeois.	400 à	500	350 à	400
Médoc, 5e. et 4e. crus.	560 à	700	450 à	500
Id. 3e. cru.	800 à	900	600 à	700
Id. 2e. cru.	1,200 à	1,300	800 à	1,000
Id. 1er. cru.	1,500 à	2,200	1,100 à	1,400

SUITE DU TABLEAU DE L'APPENDICE D.

DÉSIGNATION DES CRUS ET DES SORTES DE VIN.	1825. Vin parfait.		1826. Vin de qualité ordinaire.	
	fr.	fr.	fr.	fr.
St.-Macaire et Blaye.	230 à	310	130 à	150
Côtes et Bourg.	350 à	500	160 à	250
Palus.	300 à	400	150 à	200
Montferrand.	350 à	550	185 à	250
Queyries.	500 à	680	200 à	280
St.-Émilion et Canon.	700 à	1,000	250 à	300
Petit Médoc, vin de paysan.	500 à	650	180 à	210
Médoc ordin., vin bourgeois.	700 à	900	220 à	250
Id. bon bourgeois.	950 à	1,250	350 à	450
Médoc, 5e. et 4e. crus.	1,400 à	1,600	500 à	700
Id. 3e. cru.	1,700 à	2,500	800 à	1,000
Id. 2e. cru.	2,600 à	3,000	1,100 à	1,300
Id. 1er. cru.	3,200 à	3,500	1,400 à	1,600

SUITE DE L'APPENDICE D.

TABLEAU des prix auxquels certains vins de Bordeaux ont été vendus à trois époques distantes entre elles, savoir 1647, 1722, 1745.

DÉSIGNATION DES VINS.	1647.		1722.		1745.	
Vin de Médoc.	fr.	fr.	fr.	fr.	fr.	fr.
Ire. classe.	350 à	380	2,400 à	2,500	1,500 à	1,800
2e. classe.	80[1] à	82	1,600 à	1,800	1,000 à	1,300
3e. classe.	65 à	70	1,300 à	1,500	600 à	1,000
4e. 5e., 6e. cl.	35 à	40	500 à	1,000	400 à	600
St.-Emilion et Canon.	22 à	26	290 à	320	350 à	400
Montferrand.	30 à	35	320 à	330	350 à	380
Queyries.	35 à	40	370 à	400	380 à	410
Bonnes côtes.	24 à	28	240 à	260	290 à	330
Petites côtes.	18 à	22	200 à	210	190 à	230

[1] Écus de 3 livres tournois.

SUITE DE L'APPENDICE D.

Note. On peut encore voir dans les archives de la ville de Bordeaux un discours prononcé par les jurats, et intitulé : « Nécessité importante de fixer le prix des vins des provinces de Guyenne et du Bordelais, 28 octobre 1647. »

Après le discours, vient un « Extrait du résultat de la délibération de l'assemblée convoquée à l'Hôtel-de-Ville, sur les prix fixés, » comme il a été dit.

Après le tarif on trouve ce qui suit :

« Ouï le procureur syndic, il est
» ordonné que les prix ci-dessus seront
» observés et suivis par les acheteurs et
» les vendeurs, soit courtiers ou agens,
» Flamands ou Anglais, ou autres mar-

» chands, sous peine d'amende, dont
» le tiers sera accordé aux dénoncia-
» teurs, et les deux autres tiers aux hô-
» pitaux. »

APPENDICE E.

———

Sur les prix des vins de Bordeaux en Angleterre.

Afin de rendre l'ouvrage qui précède plus intéressant pour le lecteur anglais, l'éditeur s'est donné quelque peine pour se procurer une connaissance exacte des dépenses qu'occasione l'importation du *véritable vin de premier cru* dans ce pays, ainsi que pour savoir le prix auquel le commerçant en vins peut, avec un bénéfice raisonnable, le livrer au consommateur. Voici le résultat des informations qu'il a prises, accompagnées de quelques remarques.

	fr.	c.
Prix moyen coté par les premières maisons de Bordeaux pour une barrique des premiers crus d'une vendange parfaite.	1,250	
Fret et assurance.	35	60
Frais de débarquement.	3	
Droits sur le taux de 7 s. par 3 galon.	417	10
Bouteilles, bouchons, cire, etc.	123	75
	1,829	45
Intérêt et frais de toute espèce jusqu'au moment de la vente.	155	40
Total.	1,984	85

Cette somme (qui donne environ 88 fr. 10 cent. par douzaine de bouteilles, ou

7 fr. 33 cent. par bouteille) est donc ce qu'il en coûte à l'importateur avant de pouvoir mettre le vin en vente ; mais il lui faut en outre son bénéfice, même quand le vin est vendu immédiatement ; et s'il lui laisse prendre de l'âge, il faut encore qu'il trouve le prix de ses risques et l'intérêt d'un capital inactif, ainsi que le remboursement d'autres frais.

On ne doit entendre tout ceci que des vrais premiers crus, cotés tels de bonne foi[1]. Le commerçant en vins et le con-

[1] Un esprit de perfectionnement prévaut aujourd'hui parmi les principaux propriétaires du Médoc. On prend plus de soins pour la fabrication du vin, et plusieurs d'entre eux égrappent leur raisin, etc., ce que jadis on ne faisait que pour la *mère-cuve* ; il en résulte que pour plusieurs crus qui étaient ancien-

sommateur peuvent trouver en tout temps en abondance à Bordeaux des vins à bien plus bas prix que celui établi ci-dessus. Ce qui a été dit précédemment fait voir l'immense variété des vins classés sous le nom de *Médoc* ou *Claret*. Un grand nombre sont fermes, forts et bons, quoiqu'on les vende seulement 200 francs la barrique, mais ils n'ont pas le parfum délicat des crus plus renommés. Ces grands crus n'atteignent même au prix élevé que nous avons donné que dans les meilleures années, et ces bonnes vendanges n'ont guère lieu, terme moyen, qu'une fois en cinq ans. Par exemple, du

nement considérés seulement comme de basse classe, on obtient des prix qui s'approchent des premières.

(*Éditeur anglais.*)

vin qui fut vendu, à la vigne 3500, francs en 1825, on ne pût obtenir moitié de ce prix en 1826. Dans le fait, les premières maisons anglaises pour l'expédition des vins de Bordeaux, et les premières maisons de ce pays, ne font leurs achats que dans les bonnes années, et ce n'est que la concurrence qu'ils établissent alors qui fait hausser les prix, ou le défaut de demande qui les fait retomber, dans les mauvaises années. Cette manière d'opérer rend nécessaire un capital plus considérable qu'il ne le faudrait, s'ils ajoutaient régulièrement à leur approvisionnement, chaque année, et il en résulte que le consommateur paie le vin plus cher.

Cette grande variation dans le prix des différens crus, et dans celui des mêmes crus, selon les années, offre de grandes facilités aux marchands qui tâchent de se créer une clientelle en offrant du vin à un taux en apparence inférieur, comme si le consommateur devait payer un vin de grand cru d'une mauvaise année ou un vin de basse classe, auxquels on donne le nom de vin de premier rang, plus cher que celui que le marchand de bonne foi aurait annoncé *sous son vrai nom*.

Si ce que nous disons ici est juste, et nous ne pensons pas qu'on puisse le contredire, ce ne peut être que par l'effet d'une illusion que l'on s'imagine, dans ce pays, avoir du vin de premier cru d'une première vendange au-dessous du prix courant chez les marchands connus. Il est certain que, dans ce moment, on peut a heter à Bordeaux, chez certains expéditeurs, des vins *garantis Château Margaux, année* 1825, pour 1000 francs la barrique ; mais comme il est parfaitement connu que la totalité du produit de ce domaine a été vendue immédiatement après la vendange, à ce prix environ, et qu'après trois ans de garde, 1000 francs est un prix raisonnable pour du bon vin de troisième cru ; nous pouvons juger du degré de confiance qu'on peut accorder à de tels garans, et de la valeur de leur garantie.

Ainsi que nous l'avons dit plus haut, il y a d'excellens vins de Médoc qui se vendent à bon marché, non point parce qu'ils ne sont pas bons, mais parce que ce ne sont point les sortes que la mode et le goût ont marquées du cachet d'une valeur artificielle. Quand nos relations plus grandes avec la France nous les auront mieux fait connaître, et nous auront ramenés à l'usage du bon vin de crus moins connus, nos négocians pourront porter davantage leur attention sur ceux-ci, et ils nous en approvisionneront, sous leurs vrais noms, à un prix raisonnable ; au lieu de faire un tripotage avec de l'Hermitage ou du Beni Carlo, pour nous les donner ensuite comme des vins de premier cru à meilleur marché.

FIN.

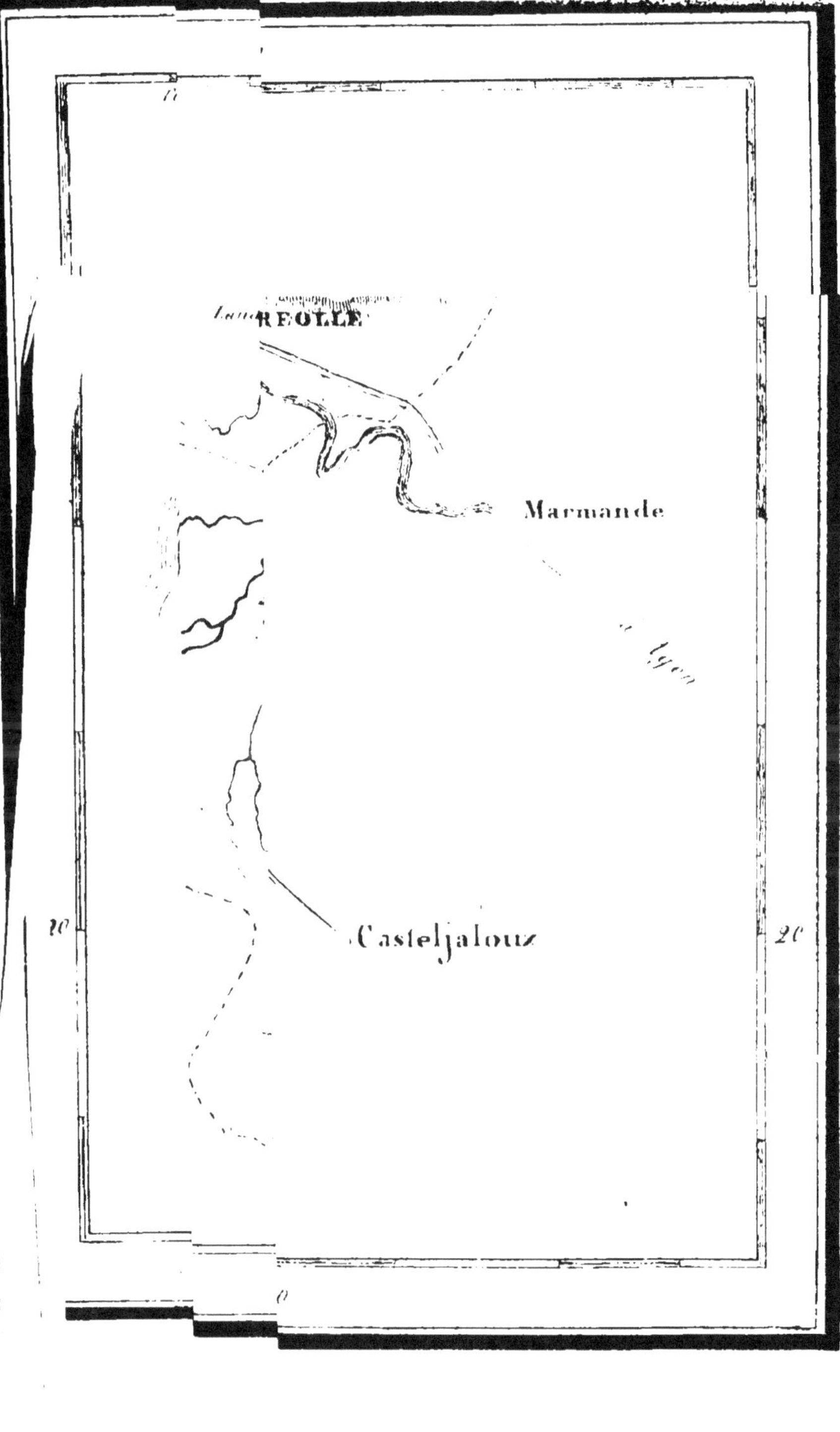
REOLLE
Marmande
Casteljalouz
10
20
0

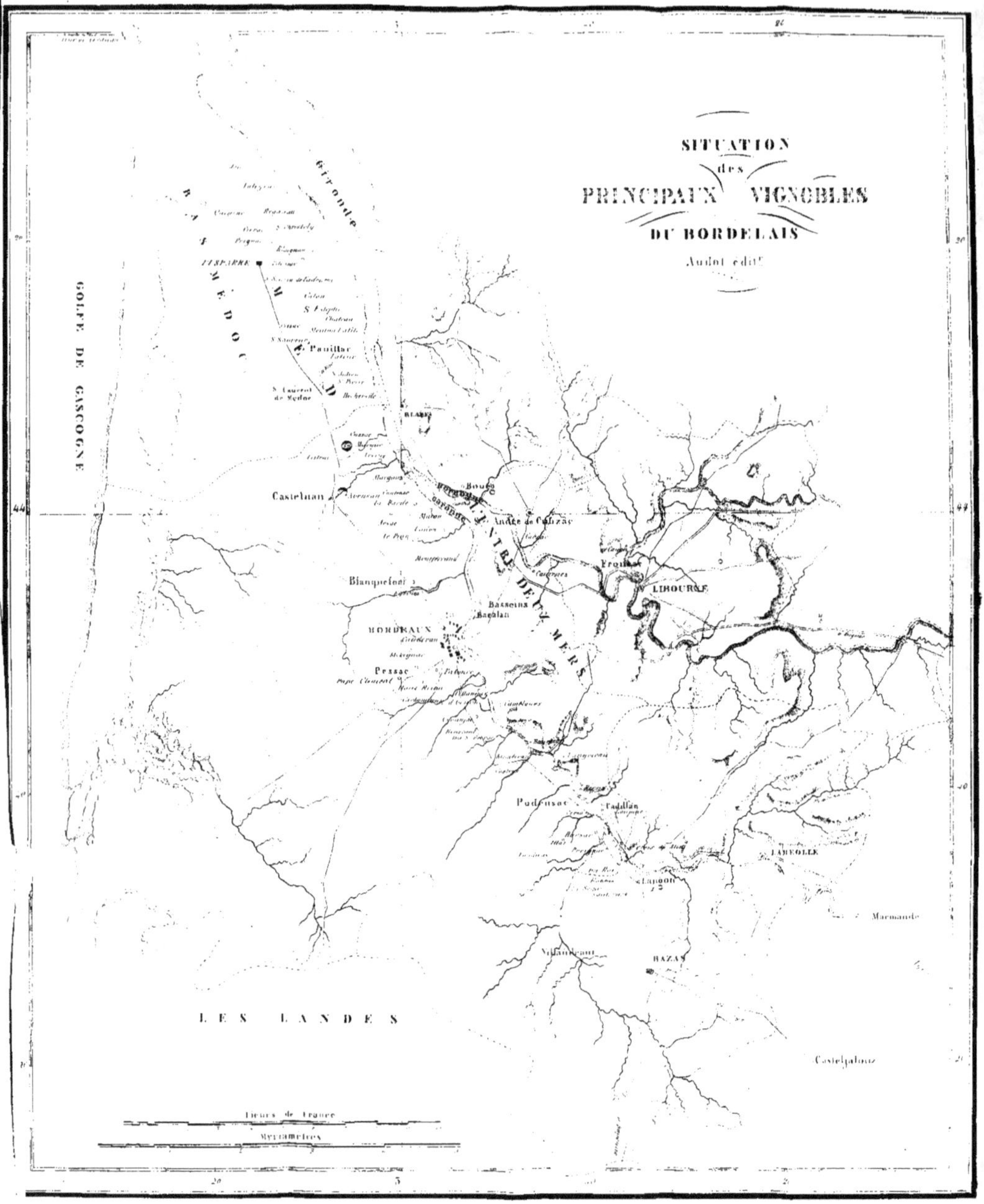

SITUATION
des
PRINCIPAUX VIGNOBLES
DU BORDELAIS
Audot edit.
GOLFE DE GASCOGNE
BAS MÉDOC
Gironde
LESPARRE
Pauillac
S.t Laurent de Médoc
BLAYE
Castelnau
Bourg
Anse de Cubzac
Blanquefort
Bassens
Bacalan
BORDEAUX
Pessac
Pape Clément
ENTRE DEUX MERS
LIBOURNE
Fronsac
Podensac
Cadillac
LA REOLE
Langon
Marmande
Villandraut
BAZAS
LES LANDES
Casteljaloux
Lieues de France
Myriamètres